一看就

地理百科

The Illustrated Encyclopedia Of
Geography 新裝珍藏版

推薦▶序

一窺地理世界的奧妙

近來，斷層、地震、洋流、颱風、暴雨、土石流、地層下陷、臭氧層等用語，是國人耳熟能詳的地理名詞。然而國人對這些名詞的認識，往往只能靠報章雜誌的短篇句讀中窺知一二，也無法清楚這些名詞之間的相關性。若想要進一步瞭解這些名詞的來龍去脈，卻可能一不小心就陷入網路的茫茫大海中，無所適從地望著電腦徒呼負負。

這本《一看就懂地理百科》，是以清楚的架構、淺顯的文字、翔實的內容、豐富的圖片，說明日常生活中隨時接觸的環境現象與課題。透過本書，讀者可以輕鬆愉快的認識各種不同的地理知識，有系統地探索大自然的奧祕，滿足讀者對生活環境的好奇心。

全書共分成四個主題，分別為太陽系中的地球、地質作用與地形、人與地球、認識台灣；由大至小、由遠而近，隨著尺度的縮放，一窺人類生活世界的奧妙。

在太陽系中的地球，深入淺出的介紹太陽、地球、陸地、海洋、大氣等相關的地理概念。經由這些概念，進一步瞭解暗黑宇宙中孕育美麗藍星的環境要素。

地質作用與地形，帶領讀者進入生活世界色彩繽紛的各項地景。地球表面在內外營力的驅動下，不斷雕刻與琢磨，形塑出變化多端的地形景觀。人類在不同的地形舞台，譜寫各具特色的樂章。

人與地球，從人地交互作用的角度，介紹災害的種類和說明災害發生的原因。透過這些內容，讀者可領略自然力量的強大，體會人地和諧的環境倫理。

認識台灣，從台灣島的形成過程、斷層的分布、海岸的分類、河川及其流域，以及山脈、台地的分布等，讓讀者回到我們熟悉的家園，認識我們的逐夢環境。

大地知識俯拾即是，處處留心皆為學問。《一看就懂地理百科》帶領讀者走進自然環境的百寶箱中，挖掘豐富且實用的地理知識。

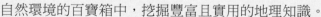

國立台灣師範大學地理學系兼任教授

學地理不能靠死背

　　在現今全球化與資訊化的時代中，知識學習的方式逐漸改變。上課時，老師一再提醒我們要瞭解，不要一知半解的背誦，基測、學測、指考也反應此一趨勢：片段知識的記憶並非學習的主題，理解、推論、分析與應用才重要。因此學習變成全方位，從基本知識的記憶，到概念的理解推論與應用，甚至處理知識的基本能力都要學會，最終目的在培養邏輯思考與表達演示，甚至終生學習的能力。

　　地理科的學習也是如此，大量記憶地名、山川名稱，本來就不是地理科的主要學習方式，許多地理學重要知識都來自生活經驗，因此藉由體驗與理解以明瞭地理學概念，才是正確的學習方法。理解地理知識大多看圖表或照片，有經驗的教師利用幾張簡單的圖示，就可以將複雜的地理現象說明清楚，因此同學們學習地理也該如此，才能收到最大的學習效益。

　　延續上一本《遠足圖解地理辭典》，遠足文化再度推出《一看就懂地理百科》，自然地理的學習若是搭配這一本書，將可逐步釐清課本所描述的概念，讓人一目了然，對於地理教師來說，本書也是滿好的工具書，不僅可利用圖照進行教學，也可以藉此澄清自己的一些觀點。

　　感謝遠足文化這幾年來對鄉土台灣的關懷與投入，一百本的【台灣地理百科】成為最詳盡的台灣地理資料庫，如今進一步演育出地理百科的學習寶典——《一看就懂地理百科》，相信對於社會大眾也有引導學習的功能，未來在報紙上若看到不是很清楚的地理概念，翻開本書就真的能一看就懂。然而站在地理教育工作者角度來看，透過圖表來理解地理概念只是學習的第一步，將概念引伸到真實世界的體驗與解釋上，才是重要；如到墾丁國家公園體驗珊瑚礁特色，當颱風來臨時，能知道其風向變化的原因或降水強度的概念，當南亞海嘯發生時，有興趣追問為何發生海嘯等。如果我們公民能有如此的素養，那才是地理教育的成功，當然那時的社會應該就是一個重視生活品質、關懷生態，與具有開闊胸襟視野的成熟公民社會。

教育部地理學科中心
正德高中校長　

如何使用本書

氣候

「天氣」指某地在短時間內大氣中實際發生的現象，舉凡雨、冰雹、鋒面、龍捲風等都屬天氣的範疇。「氣候」則指氣象現象長期、平均的狀態，例如台灣西南部的冬季為乾季、多雨等。

氣壓

大氣重量所形的壓力稱為氣壓，通常以百帕為單位。在緯度45度、溫度攝氏0度的海平面所測得的氣壓值稱為一個標準大氣壓。

等壓線

將氣壓相同的點所連結而成的封閉曲線，稱為等壓線。

高、低氣壓

中心氣壓較四周高的，稱為高氣壓；較四周低的，稱為低氣壓。氣壓的高低可由天氣圖中的等壓線進行簡易判讀。

等雨線

將同一段時間內降水量相同的地點相連所形成的曲線稱為等雨線；依其時間長短可分為年雨線、日雨線等。

等溫線

將同一段時間內、氣溫相同的地點相連所形成的曲線稱為等溫線，依時間長短可分為年均溫、月均溫和日均溫等。

● 全書共分成四十一項主題，方便檢索閱讀。

● 三百四十個辭條中，包含了地理學各種面向的知識。

TIPS：想快速找到欲查詢辭條，可先翻閱書末以注音為序的關鍵字索引。

● 說明文

●與主題相關知識均以BOX方式呈現

氣候 | 61

陣天季

太陽系中的地球

氣候、緯度與海拔高度

由赤道往北極（或南極）可大略分為熱帶氣候、亞熱帶氣候、溫帶與寒帶；但熱帶地區的高山若海拔夠高，也會出現類似的氣候分區現象。

熱帶　亞熱帶　暖溫帶　涼溫帶　冷溫帶　亞寒帶　寒帶

微氣候

指接近地面或小範圍的氣候現象，例如都市因大樓林立，造成氣流受阻、風速增強的現象便屬微氣候研究範疇。此外，微氣候也常用於監控區域性污染物的擴散，例如在設立會產生廢氣的工廠時，必須考量設置地點的風向，以免污染物隨風向市區吹送等。

◀ 氣候系統是由大氣層、水圈、地圈、冰圈和生物圈等子系統所組成，各系統對整體氣候的影響時間與範圍並不一致，它們彼此之間也會進行能量的轉換和相互影響，使得氣候系統更形複雜。

❶ 大氣層
❷ 冰圈
❸ 地圈
❹ 水圈
❺ 生物圈

●全書主題分成三大類，依序為太陽系中的地球、地質作用與地形、人與地球

★參見
大氣層P24、氣團P66、風P68、水氣P76、降水P84、天氣預測P156、颱風P164

●與主題相關的繪圖或照片

●其他相關主題及其頁碼

目錄

Contents

1 太陽系中的地球 ...12

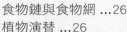

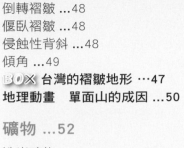

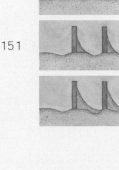

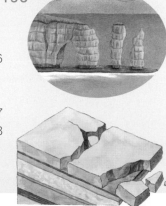

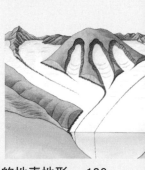

3 人與地球 …194

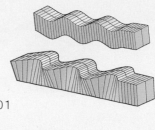

1 太陽系中的地球

The Earth in the solar system

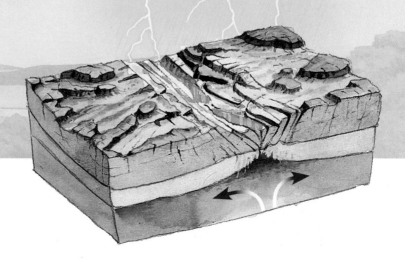

地球的組成

我們所居住的地球接近正圓球狀（稱為地球體），其表面約有三分之二為海水所覆蓋，陸地僅佔三分之一，科學家推測，地球最內部是高溫的地核，其上則為地函及岩石圈（組成物質主要有岩石、礦物和金屬化合物），岩石圈之上還有生物圈、水圈及大氣層。

水圈

即地球表面所有的水分；包括空氣中的水汽，湖泊、河川和海洋裡的水，極地和高山上的冰雪，及土壤和地層裡的地下水，但這些水的分布極不平均，海洋佔了96.5％，其餘的冰雪、河川等僅佔4.5％，若由外太空眺望，會發現地球是一片湛藍。

生物圈

指地球上的所有生物，包括動植物、單細胞生物等等。

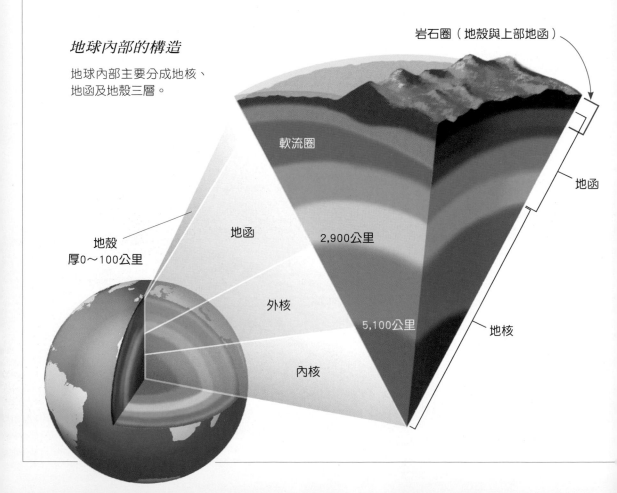

地球內部的構造

地球內部主要分成地核、地函及地殼三層。

岩石圈（地殼與上部地函）

軟流圈

地函

地殼
厚0～100公里

地函

2,900公里

外核

5,100公里

地核

內核

大氣層

指受重力吸引而圍繞在地球表面的層狀物質，其組成內容以氣態為主（其中78％為氮，21％為氧），另含液態和少許固態物質。大氣層是間接造成月球和地球有無生物的關鍵，雖然月球和地球同受太陽照射，但地球有大氣的保護，它可避免生物接受過度的太陽輻射，也可蓄積熱量，讓地表平均溫度維持在15℃、使水可以液態方式存在，相形之下，沒有大氣保護的月球缺乏上述可供生物存活的條件。

地函

地球內部介於地殼和地核之間的部分，總厚度約2,900公里，約佔地球體積的80％，主要的組成物質是橄欖岩。地函的密度並不一致，靠近地核的下部地函密度較高，上部地函相對較低。

岩石圈

由地殼和相鄰的上部地函所組成，厚約100至150公里，也是構成板塊的主體。

參見
地震P206

地核

地表2,900公里以下到地心的部分稱為地核，可再細分為內、外核；科學家推測地核主要成分為鐵和鎳等金屬，外核因地球內部的放射性物質蛻變所釋放出大量熱能而熔融，但內核則因壓力過大而呈固態狀。

軟流圈

它是地函的一部分，厚約200公里，主要成因是地殼受到來自地球內部的大量熱能而融化，變得柔軟。軟流圈因熱對流作用，形成許多緩慢的循環圈，也使得上方的板塊彷彿「順流漂浮」一般地產生或碰撞或分離的相對運動。

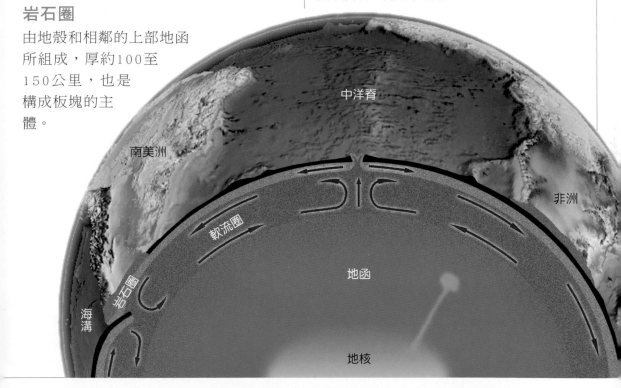

中洋脊

南美洲

非洲

軟流圈

岩石圈

海溝

地函

地核

日月地相對運動

地球循著一定軌道繞著太陽運行，於此同時地球也在不斷的自我運轉中，而月球則繞著地球運行。日、月、地的相對運動形成了地球上的晨昏、潮汐以及日、月蝕等現象。

黃道

地球環繞太陽公轉的軌道稱為黃道，此一軌道所在的假想平面稱為黃道面。

自轉與公轉

科學家假想在南、北極之間有一條線，稱之為自轉軸，地球便以自轉軸為中心，由西向東自我旋轉，每旋轉一圈就是一天。同時，地球也以太陽為中心沿著黃道面作反時針方向旋轉，稱之為公轉，每繞行太陽一圈大約為一年。

日月蝕

當月球運行到太陽與地球之間，便會出現日蝕現象；當地球運行到太陽與月亮之間時，則產生月蝕現象。

太陽與晝夜、四季的關係

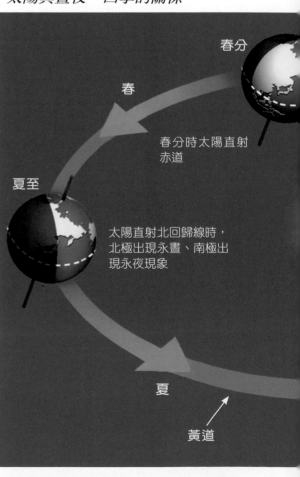

春分

春

春分時太陽直射赤道

夏至

太陽直射北回歸線時，北極出現永晝、南極出現永夜現象

夏

黃道

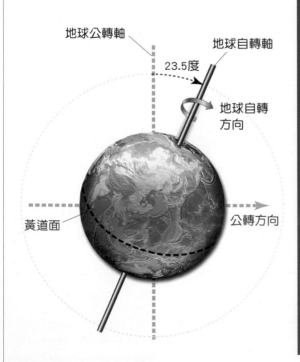

地球公轉軸

地球自轉軸

23.5度

地球自轉方向

黃道面

公轉方向

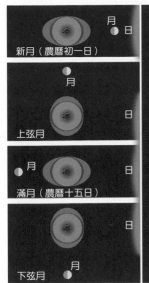

新月（農曆初一日）

上弦月

滿月（農曆十五日）

下弦月

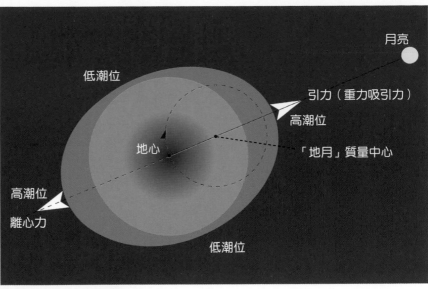

月亮

低潮位

引力（重力吸引力）

高潮位

地心

「地月」質量中心

高潮位

離心力

低潮位

晝夜與四季

晝夜是因地球自轉所造成，面對太陽的部分是白晝，背對太陽時則為黑夜。

由於黃道面呈橢圓形，使得地球與太陽之間的距離並不是完全等距，再加上地球是以23.5度的傾斜角繞行太陽，這意味著地球在不同時間所接收到的太陽熱量有差異，也因此產生四季變化。一般而言，北半球在1月份時最冷、7月份時最熱，而南半球恰好相反。

潮汐

由於月球和太陽對地球各地作用力不同，使得海水水位週期性升降現象。海水位漲到最高時稱為高潮或滿潮，退到最低時稱為低潮或乾潮，在漲退潮之間有一段時間，海面保持穩定無升降現象，稱為停潮或平潮。

冬

太陽直射南回歸線時，北極出現永夜、南極出現永晝現象

秋分時太陽直射赤道

冬至

秋

秋分

★★★★ 參見

太陽P18

太陽

太陽的直徑約一百四十萬公里、表面溫度約為絕對溫度6,000度，它是地球能量最主要的供輸者，提供地表生物所需要的能，也是形成地球氣候系統最重要的要素。

太陽輻射

是指由太陽向宇宙四面八方輻射的電磁波。太陽輻射的電磁波波譜範圍很廣，包括短波的宇宙射線、X光、紫外線、可見光，到波長相當長的紅外線和無線電波等。

日照圈

一個假想的大圓，將地球劃分為白晝與黑夜。

太陽日

地球自轉一圈所需的平均時間。

太陽高度角

指太陽光入射線與地平面的夾角。當太陽高度角越大時，單位面積的輻射強度越強。

太陽正射點

在特定時間下，太陽光垂直地平面的地點。

太陽正射點

太陽正射角

太陽正射地球的緯度，位於南北緯23.5度間。

遠日點

地球繞太陽運行，其軌道為一橢圓，因而地球與太陽之間的距離並非永遠相等，地球距離太陽最遠的位置稱為遠日點，大約在每年的7月4日，距離為$1.53*10^{11}$公尺，就垂直太陽輻射的地球表面而言，遠日點時單位面積吸收的能量比近日點約少7％。

近日點

地球距離太陽最近的位置稱為近日點，大約在每年的1月3日，距離為$1.47*10^{11}$公尺，就垂直太陽輻射的地球表面而言，近日點時單位面積吸收的能量比遠日點約多7％。

地表輻射效應

地球在白天接受太陽輻射，氣溫隨之上升；到了夜晚，地表反而會朝大氣層輻射出熱量，使氣溫下降，這就是黎明時分、太陽出來前，氣溫會較低的原故。

此外，因為雲可反射與阻擋太陽輻射，對地表輻射則只有阻擋能力，因此白天有雲時，太陽輻射會被吸收或反射掉，地表溫度上升的幅度會較小，到了夜晚如果雲朵消散，地表向大氣層輻射出去的熱量就無法被阻擋，所損失的熱量會比較多，氣溫也會變得比較低，所以，當白天是有雲的陰天、而夜間無雲時，清晨的溫度往往會比平常低，寒流來臨時這種現象尤其明顯。

常見物質的反照率

反照率是物體對於所有波長出、入輻射量的比值，例如地球的平均反照率為0.31，意即每100單位的太陽輻射量進入地球，就有31單位的太陽輻射被反射回太空中。反照率與溫度成反比，換言之，反照率越高，溫度就越低；舉例而言：雪的反照率約為0.6、沙地的反照率為0.15，若有等量的太陽輻射抵達雪地與沙地，那麼，沙地的溫度就會比雪地高。

薄雲0.3〜0.5

森林0.03〜0.1

雪0.6〜0.9

湖泊0.05〜0.2

沙地0.15〜0.45

草地0.1〜0.3

地圖

標示著地表各類資訊——大至全世界的地形、地貌，小至都市裡的街道巷弄，均可稱為地圖。為了方便判讀，地圖必須有數種基本要素，例如比例尺的標示、圖例的說明等均屬之。

比例尺

地圖上的距離與實際距離的比例，稱為比例尺，例如，地圖上的一公分等於實際上的一公里時，比例尺可標示為「1：100,000」或是「十萬分之一」，或是畫出以一公分為一單位的線段，並在其上註記「1公里」。換算方式為「比例尺＝地圖距離／實際距離」。例如：

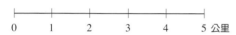

圖例

用以代表地圖上不同內容的符號，例如以 ▬▬▬▬ 代表鐵路，或以箭頭指出北方等。

等高線

將地圖上高度相同的點相連，便是等高線。等高線越密集，代表坡度越陡。

各種投影法所繪出的地圖

莫爾威特投影法
這種方法所繪製的地形面積，相等於同比例尺的地球儀。 ➤

↑
蘭柏特圓錐投影法
中緯度地帶較適合以這種方法來繪製，可畫出較相似的形狀。

大圓與小圓

通過地心的剖面稱為大圓，反之稱為小圓。

正射投影法

未扭曲地球表面小範圍地區的形狀或外形的投影方法。

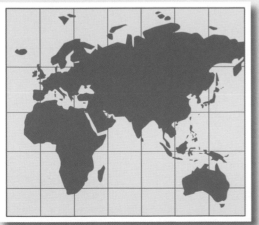

橫麥卡托投影法

這是目前台灣最常採用的投影法，缺點是高緯度地帶明顯失真。

經線

南北極之間的虛擬半圓線，以本初子午線為準，可再分為東、西經。

標準經線

以本初子午線為0度，每隔15度的經線稱為標準經線；標準經線主要是作用時區分界之用。

緯線

平行於赤道並與地軸垂直虛擬圓。以赤道為界，可分為南、北緯。

座標系統

利用經緯線來標示位置的方法，又稱為地理網線。

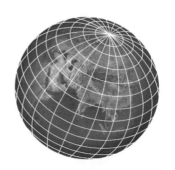

全球時區

本初子午線又稱為格林威治子午線，係指通過英國格林威治天文台的經線，此線以東為東經，以西為西經，兩者於180度之處相接，亦即國際換日線。全球時區理論上是以標準經線劃分為二十五個時區（換日線左右7.5度各成一時區），各區與相鄰時區時差一個鐘頭。但實際上並非如此，許多領土跨時區的國家會自行決定分界線，例如美國本土的四個時區即以州界為準。也有的國家則全國統一、不再細分，例如中國大陸雖然橫跨五個時區，但不論是黑龍江或新疆，皆以北京時間為依歸。

此外也有些國家再以7.5度經線間隔，將時區再細分為三十分鐘一間隔者。

太陽系中的地球

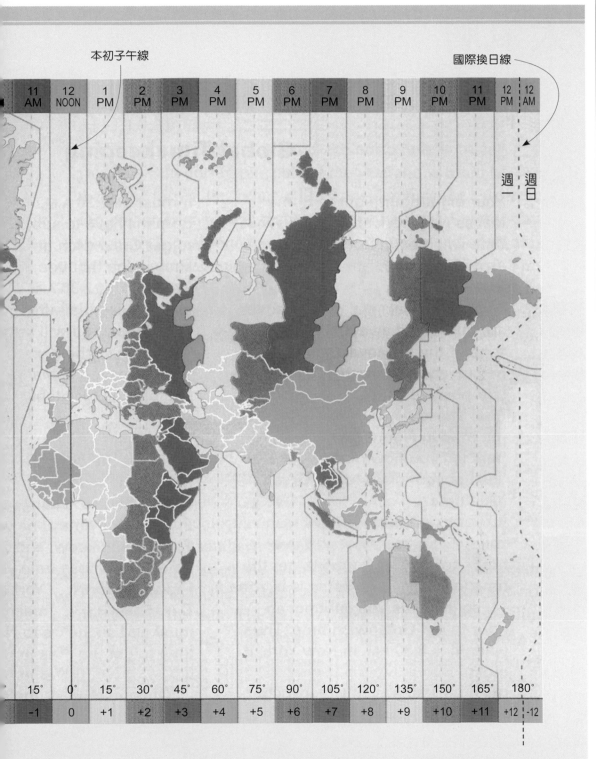

本初子午線

國際換日線

11 AM	12 NOON	1 PM	2 PM	3 PM	4 PM	5 PM	6 PM	7 PM	8 PM	9 PM	10 PM	11 PM	12 PM	12 AM

週一　週日

15°	0°	15°	30°	45°	60°	75°	90°	105°	120°	135°	150°	165°	180°	
-1	0	+1	+2	+3	+4	+5	+6	+7	+8	+9	+10	+11	+12	-12

大氣層

包覆地球表面的薄層氣體，這些氣體是受地球重力吸引、形成層狀構造，主要構成物質為氣體，另有少許液態及固態物質。依其特性可概略分成對流層、平流層、中氣層及增溫層。

對流層

大氣層離地面最近的一層，高度大約為12公里，但會隨緯度而不同，赤道最高、極區最低。通常此層的溫度會隨高度上升而降低。

臭氧層

離地20到25公里的平流層裡含有高濃度的臭氧分子，稱為臭氧層；它可以吸收太陽輻射中的紫外線，降低對地表的破壞及對生物的殺傷力。

平流層

在對流層頂往上到約50公里高處的大氣層，此處因水蒸氣含量不高，氣流因此相對平穩而緩慢，也是臭氧層所在。

中氣層

自平流層頂再往上到80、90公里處。中氣層內氣體稀薄，無法吸收足夠太陽輻射，使得溫度在此處大幅降低，推估可低至攝氏零下九十度或更低。

增溫層

界於中氣層頂至離地面500公里高的大氣層，這裡因吸收了來自太陽的極短波紫外輻射，因此溫度反而較中氣層高，科學家估計，離地350公里處的增溫層有可能達到927℃。

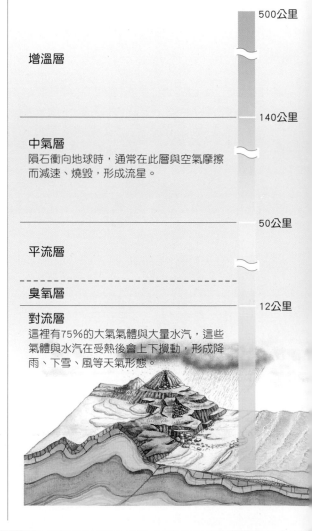

500公里

增溫層

140公里

中氣層
隕石衝向地球時，通常在此層與空氣摩擦而減速、燒毀，形成流星。

50公里

平流層

臭氧層

12公里

對流層
這裡有75％的大氣氣體與大量水汽，這些氣體與水汽在受熱後會上下擾動，形成降雨、下雪、風等天氣形態。

氣溫直減率

對流層內的溫度隨著高度升高而降低，這種「溫度隨高度升降而變化」的特性，就稱為氣溫直減率。一般而言，乾空氣的氣溫直減率大約是每上升100公尺降低1℃，溼空氣平均每上升100公尺約降低0.6℃。

逆溫

原本對流層的氣溫會隨著高度增加而降低，但有些局部地區的氣溫反而隨著高度增加而上升，這種異常現象稱為逆溫。

氣溫與高度的相對關係

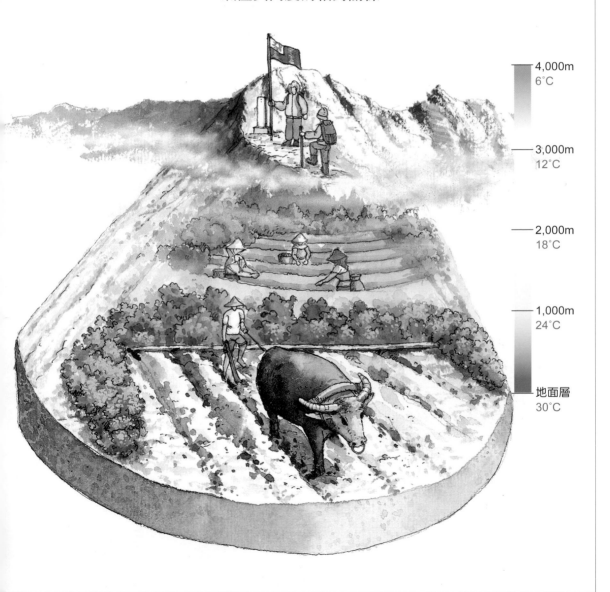

4,000m
6℃

3,000m
12℃

2,000m
18℃

1,000m
24℃

地面層
30℃

生態系

生物和周遭環境所共同組成的複雜體系，它沒有一定的大小，大如一座森林甚至整個地球，小如一個水塘，都可視為一個生態系。影響生態系的因子有動植物、土壤、水、陽光等。

生產者

指綠色植物，它們可利用太陽能行光合作用、製造醣分，提供生物體能量。

消費者

以綠色植物或其他動物為食者。

分解者

從植物或動物的殘骸中獲取營養物質的有機體，主要是細菌及真菌等微生物。

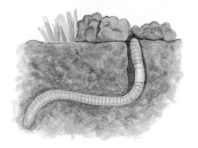

食物塔

依動植物在食物鏈中的相對攝食關係由高至低排列，即成食物塔；越上層的動植物，數量越稀少。

食物鏈與食物網

一般常說的「大魚吃小魚、小魚吃蝦米」，指的就是生物彼此間的「食物鏈」關係，由於生物的食物來源通常有一種以上，形成多條食物鏈，若將之串連便形成「食物網」。

植物演替

生態系中植物群落所發生的一系列替代現象，但植物種類會依其所在地不同而有差異。在岩石受風化後新生的土壤上，通常依續出現的是殼狀地衣、葉狀地衣（或苔蘚）、一年生草本植物、多年生草本植物、混合生草本植物、灌木、陽性樹種、中性樹種與陰性樹種。

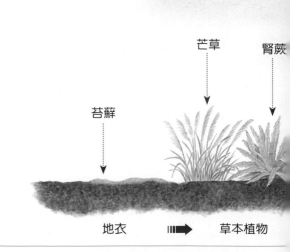

苔蘚　芒草　腎蕨

地衣 ▶ 草本植物

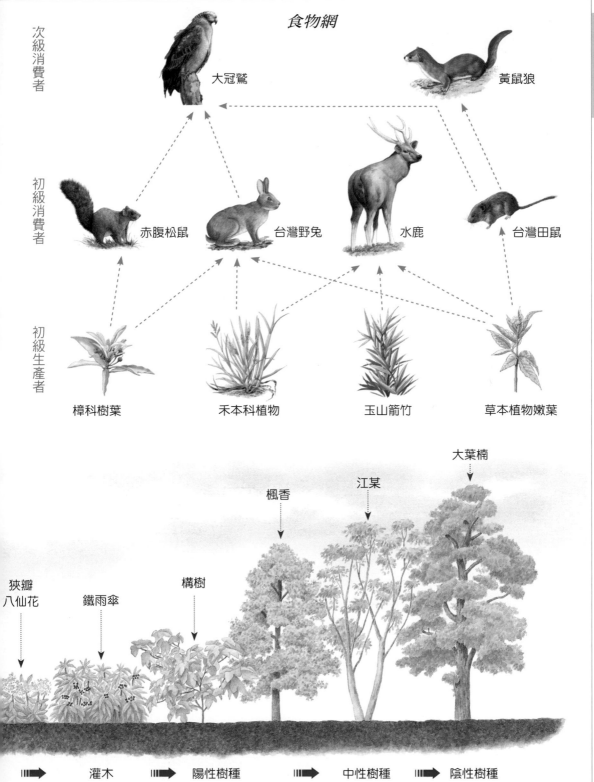

食物網

次級消費者

大冠鷲　　　　　　黃鼠狼

初級消費者

赤腹松鼠　　　台灣野兔　　　水鹿　　　台灣田鼠

初級生產者

樟科樹葉　　　禾本科植物　　　玉山箭竹　　　草本植物嫩葉

大葉楠

江某

楓香

構樹

狹瓣
八仙花　　　鐵雨傘

灌木　　　　　陽性樹種　　　　　中性樹種　　　　　陰性樹種

板塊

依組成岩石的特性，板塊可分為海洋板塊及大陸板塊。海洋板塊由密度較大的矽鎂質岩石構成，大陸板塊則由較輕的矽鋁質岩石構成。科學家估計，地球是由二十多個大小不同的板塊所組成，其中主要的六大板塊為歐亞板塊、美洲板塊（可再分為北美洲板塊、南美洲板塊）、太平洋板塊、非洲板塊、南極板塊以及印度洋澳洲板塊（或稱印澳板塊）。

板塊構造運動學說

此一學說主張地表上主要的地質構造與造山活動，均與板塊構造運動有關，論點綜合大陸漂移、海底擴張等學說。其主要理論是：板塊就像浮在水面的冰山一般「漂浮」在軟流圈上，由於地函各處的熱對流方向及速度不一，使得相鄰兩板塊間會互相碰撞或分離。

海洋板塊

又叫海洋地殼，指位於海底的玄武岩質地殼。台灣附近海域有菲律賓海板塊與太平洋板塊，花東縱谷便位於菲律賓海板塊與歐亞大陸板塊交界處。

大陸板塊

或說大陸地殼，它的組成物質主要是長英岩石，整體而言比海洋板塊輕且厚。台灣所在的大陸板塊為歐亞板塊。

地殼變動

造山運動、火山活動和變質作用對地殼所產生的大規模影響。

參見
地球的組成P14

菲律賓海
板塊

印澳板塊

板塊的隱沒與張裂作用示意圖

岩漿自中洋脊頂部湧出，向兩側推擠、凝固後形成新的海洋地殼，另一方面，年代較久的海洋地殼則在海溝處下沈，為地函的高熱所熔化。

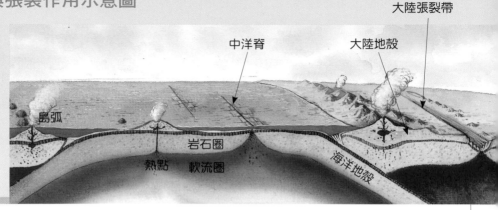

全球板塊分布圖

根據板塊構造的理論，地球表面由二十多塊板塊所組成，板塊範圍與各大洲陸地面積並不完全相等。

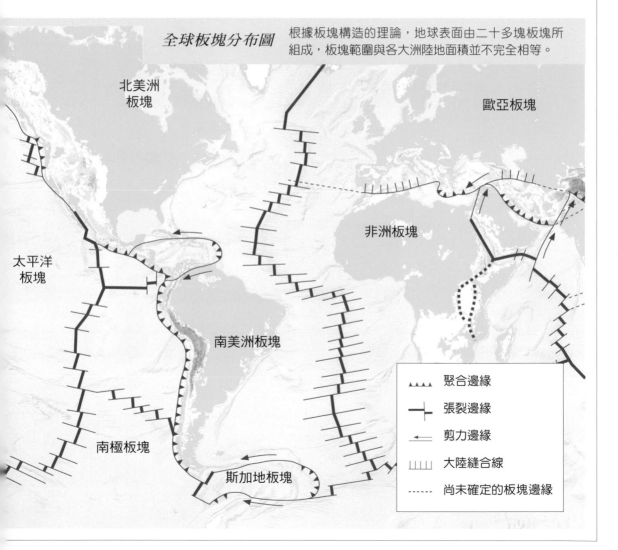

海底擴張學說

1960年代的海底探勘發現了大西洋海底有一道巨大的山脈，稱為中洋脊。由於中洋脊常有地震發生，其頂端的裂谷中也有岩漿噴湧，深洋鑽探的結果更顯示，離中洋脊越遠，沈積物越厚，科學家因此認為：地函內的岩漿因對流作用，沿著中洋脊的裂谷湧出，生成了新的海洋地殼，使得原本在裂谷兩側的海洋地殼向外移動，推估中洋脊以每年2公分的速度向外擴張。此一學說即為海底擴張學說。

海底擴張示意圖

❶ 大陸地殼向上撓曲

岩漿上升，侵入上部的岩石圈，使大陸地殼向上撓曲拱起，產生裂痕。

❷ 岩塊下陷形成裂谷

地殼向外移動，中心處大量岩塊下陷，造成裂谷帶。

平行排列的正斷層

❸ 初期海洋形成

地殼裂開帶內形成初期海洋，上升的岩漿在冷凝後形成新的海洋地殼。

大陸地殼繼續向兩側擴張，中間便形成廣大海洋盆地與中洋脊。

❹ 中洋脊

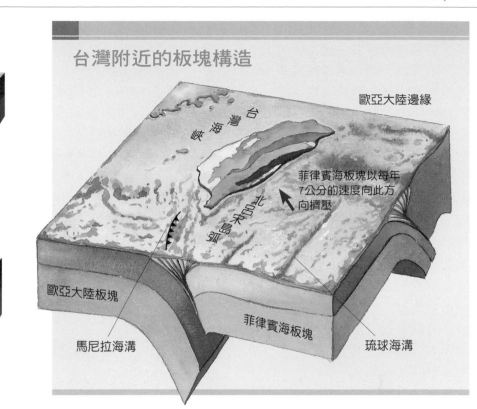

台灣附近的板塊構造

歐亞大陸邊緣

台灣海峽

菲律賓海板塊以每年7公分的速度向此方向擠壓

北呂宋島弧

歐亞大陸板塊

馬尼拉海溝

菲律賓海板塊

琉球海溝

海洋盆地

隱沒帶

指聚合板塊邊緣、海洋板塊沒入大陸板塊處。

碰撞帶

兩大陸地殼聚合、碰撞並產生隆起處。

島弧

位於板塊隱沒帶、因火山噴發等造山運動所形成的一連串島嶼,例如日本列島;這類島嶼多半向靠海洋板塊的一側凸出,且通常會有一道與之平行的海溝。

火山弧

因一連串火山活動所形成的山脈,常見於海洋板塊隱沒於大陸板塊處,例如南美洲的安地斯山脈。

聚合板塊

當兩板塊相向移動並產生碰撞處，即為聚合板塊界線，依兩地殼的性質，可再細分為三種：海洋地殼對大陸地殼，海洋地殼對海洋地殼，大陸地殼對大陸地殼。

最常見的聚合板塊界線為海洋地殼對大陸地殼碰撞處。因為海洋地殼較大陸地殼重，因此當兩者發生碰撞時，海洋地殼會隱沒到大陸地殼之下，並形成海溝與火山弧，此一現象又稱為「隱沒作用」。台灣東部的菲律賓海板塊與歐亞大陸板塊碰撞處即為聚合板塊界線一例。

海洋地殼相碰撞時，由於年代較老的地殼通常比較重，因此兩較年老的海洋地殼會隱沒到較年輕的海洋地殼之下，並造成海溝與火山島弧。著名的例子有日本群島及阿留申群島。

若是兩大陸地殼相碰撞，由於大陸地殼的重量不足以下沈到地函之中，因此會相熔接、產生褶皺並向上隆起，最著名的例子為印度板塊與歐亞大陸板塊碰撞所造成的喜馬拉雅山脈。

分離板塊

是因為來自地函上部，經熔融作用產生的岩漿沿著熱對流方向上升，使得地表發生張裂作用，推擠著板塊向兩側外移而得名。通常在分離板塊的界線上常可觀察到正斷層和地塹，並經常出現震源深度在100公里以內的小地震。

板塊張裂

參見分離板塊。

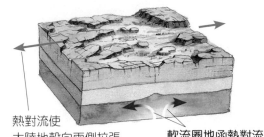

熱對流使
大陸地殼向兩側拉張　　　軟流圈地函熱對流

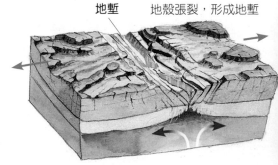

地塹　　　地殼張裂，形成地塹

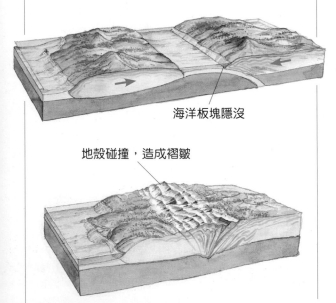

海洋板塊隱沒

地殼碰撞，造成褶皺

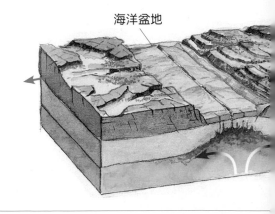

海洋盆地

剪移板塊

又稱為轉形斷層，在此種板塊交界處，板塊的表面積沒有任何增減，只是兩板塊的邊界互相掠過而已。

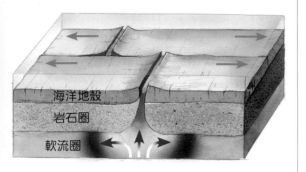

海洋地殼
岩石圈
軟流圈

盤古大陸

地質學家推測，地球曾經存在著被稱為「盤古大陸」的原始陸塊，它在兩億年前開始張裂，形成大小不一的陸塊，這些陸塊往不同方向漂移，或碰撞或分離，才形成今日各大洲。

古陸

自從前寒武紀以後，就不再有劇烈地殼變動的古老地塊，例如澳洲大陸。

大陸漂移

科學家觀察到大西洋兩側的美非大陸海岸線有若干契合處，而這兩塊大陸上古生代晚期的冰河遺跡，也能證明在當時為同一塊大陸，因此在1912年提出此一學說，認為地球表面曾存在著名為盤古大陸的超級大陸塊，大約在兩億年前分裂成數個大陸塊並各自漂移，才形成今日的形狀。

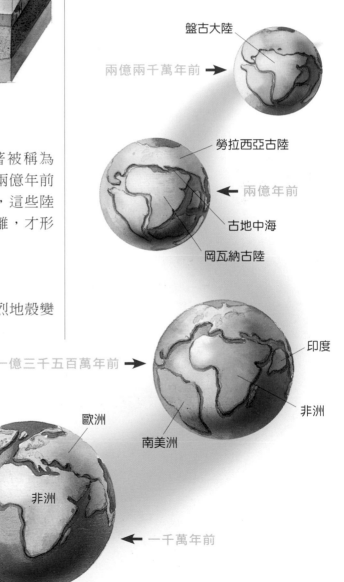

盤古大陸

兩億兩千萬年前 ➡

勞拉西亞古陸

◀ 兩億年前

古地中海

岡瓦納古陸

一億三千五百萬年前 ➡

印度

非洲

南美洲

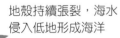

地殼持續張裂，海水侵入低地形成海洋

北美洲　歐洲

非洲

南美洲

◀ 一千萬年前

斷層

因外力作用對岩層造成壓力，使岩層變形、斷裂並產生位移之處，稱為斷層，其長度可由數百公里到數公分不等。若是斷層出露地表、形成線狀破裂者，稱為斷層線；具有若干寬度者，則稱為斷層帶。依岩層相對位移關係，可分為：正斷層、逆斷層與平移斷層。

平移斷層

當岩層沿著斷層面兩側作水平方向移動時，稱為平移斷層；依岩層移動方向可再細分為左移斷層、右移斷層。

站在斷層面任一側觀察，若是對向明顯向左移動者，即為左移斷層；反之則為右移斷層。

正斷層

岩層因板塊張裂作用，使得上盤沿著斷層面下滑者，稱為正斷層。

當上、下盤落差過大時，會出現明顯的斷崖地形；數個正斷層平行排列時，則會形成裂谷地形，最著名者為東非大裂谷。

如何分辨左、右移斷層

觀察時站在斷層線任一側，若另一側的岩層向左移便稱此斷層為左移斷層，反之則稱為右移斷層。

右移斷層
屬平移斷層的一種。

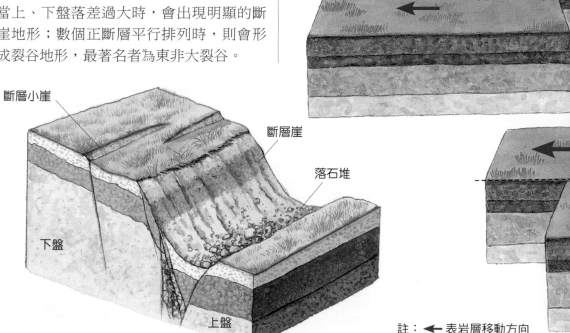

斷層小崖

斷層崖

落石堆

下盤

上盤

註：← 表岩層移動方向

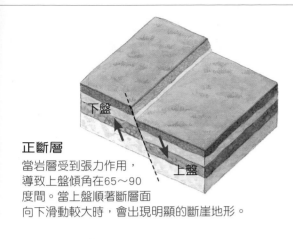

正斷層

當岩層受到張力作用，導致上盤傾角在65～90度間。當上盤順著斷層面向下滑動較大時，會出現明顯的斷崖地形。

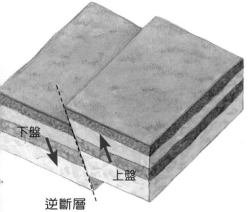

逆斷層

岩層受壓，使得上盤沿著斷層面向上移動者為逆斷層，造成921大地震的車籠埔斷層屬之。

左移斷層

屬平移斷層的一種。

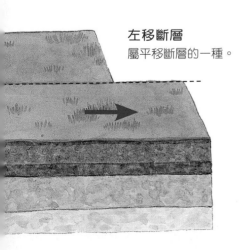

逆斷層

與正斷層相反，逆斷層是上盤沿著斷層面往上衝；通常是因為板塊或地層受擠壓所致，又稱為逆衝斷層，造成921大地震的車籠埔斷層即屬逆斷層。

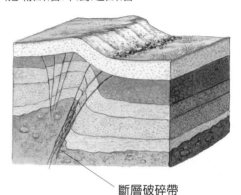

斷層破碎帶

地塹

相鄰兩斷層間的岩層陷落，或兩側相對抬升所產生的地形，例如台北盆地。

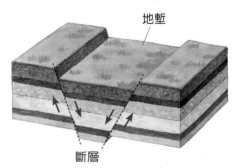

地塹

斷層

地壘

相鄰兩斷層間的岩層被抬升、或兩側岩層相對陷落所形成的地形，新疆的天山即屬之。

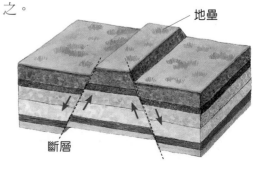

地壘

斷層

斷層的形成過程

地層上發生岩層的張裂作用

上盤

下盤

▶ 地層受到擠壓後會形成破裂面，位於破裂面上方者稱為上盤，下方者稱為下盤。

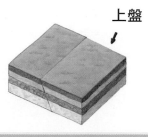

逆斷層

上盤

下盤

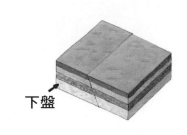

逆斷層

▶ 若是斷層發生後上盤被強烈板塊擠壓的力量，沿著斷層面被推擠向上移動稱為逆斷層。逆斷層比正斷層具有更強大的推擠力量，因此許多的逆斷層錯動，常會發生大規模的地震災害。

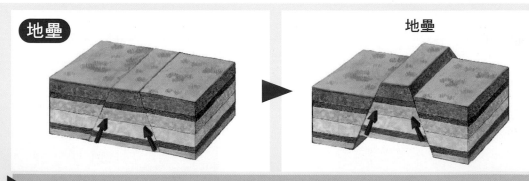

地壘

地壘

▶ 斷層的上下位移，會形成不同的地形景觀。當斷層發生錯動後，若是中間的地層相對於兩側地層發生抬升現象，將使中間地層突起如壘包外型，我們將此種地形稱為地壘。

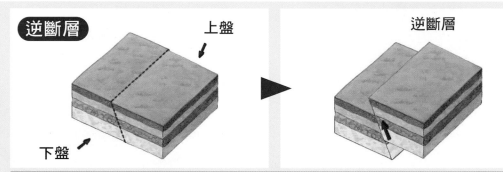

正斷層

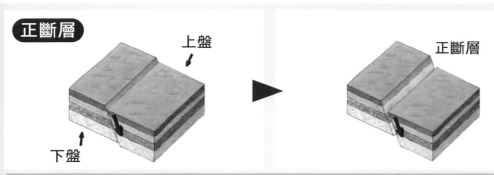

上盤

下盤

正斷層

當地層破裂後，若上盤的地層因重力作用影響，產生向下移動的現象我們稱為正斷層，例如台北盆地就是順著斷層下滑後產生的盆地地形。

平移斷層

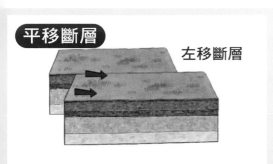

左移斷層

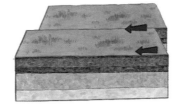

右移斷層

如果地層的移動是沿著斷層線發生水平移動者，稱為平移斷層。斷層線右方的地層向站立者右手方向移動過來，屬於右移斷層，相反的若斷層線左側的地層，沿著站立者左手方向移動過來者，稱為左移斷層。

地塹

地塹

若是斷層活動使中間地層，相對於兩側地層發生下移現象，這時候整體地形會出現中間陷落兩側高起的地形，稱為地塹，這種地形也就是我們稱為的盆地，例如台北盆地就是屬於地塹的地形。

岩石的種類

岩石，指的是地殼中由一種或多種礦物或似礦物組成的固態集合體，依成因可再分為火成岩、沈積岩及變質岩。

岩石的循環

地質條件變化時，火成岩、變質岩與沈積岩之間會相互轉換，任何一類岩石都可能轉換成另一類。岩石之間互相轉變的現象稱為岩石循環，這些循環不斷地反覆進行，但並沒有一定的順序，舉例而言，沈積岩、火成岩經高溫高壓作用可變質成變質岩，而沈積岩、變質岩也可經由高溫等作用，形成火成岩。

火成岩

指岩漿冷卻凝固而成的岩石，依岩漿凝固的狀態可分為火山熔岩（或稱火成岩）與深成岩；常見的火山熔岩有安山岩、玄武岩，常見的深成岩則有花崗岩。例如台灣北部大屯火山主要為安山岩，澎湖則以玄武岩為主。

沈積岩

指地表沈積物受重力影響，逐層堆積、膠結所形成的岩石，常見的有頁岩、砂岩與礫岩。有些沈積岩是由化學作用或生物作用所形成，前者如鐘乳石，後者最著名的例子則為珊瑚礁。台灣的沈積岩主要分布於中央山脈以西，珊瑚礁則常見於恆春半島沿岸。

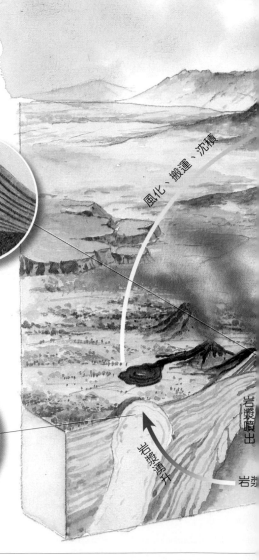

岩石的循環

風化、搬運、沈積

岩漿噴出

岩漿

地層下陷

噴出火成岩

侵入火成岩

變質岩

沈積岩或火成岩在高溫、高壓下改變其原有的礦物、化學組成而生成的岩石稱為變質岩，常見的變質岩有板岩、片岩及片麻岩。台灣的變質岩主要分布於中央山脈的東側，例如花蓮太魯閣一帶便可觀察到大理岩、片岩等。

太陽系中的地球

沈積物

沈積作用

沈積作用

壓密、膠結岩化

沈積岩

變質作用

變質岩

深埋變質

熔融

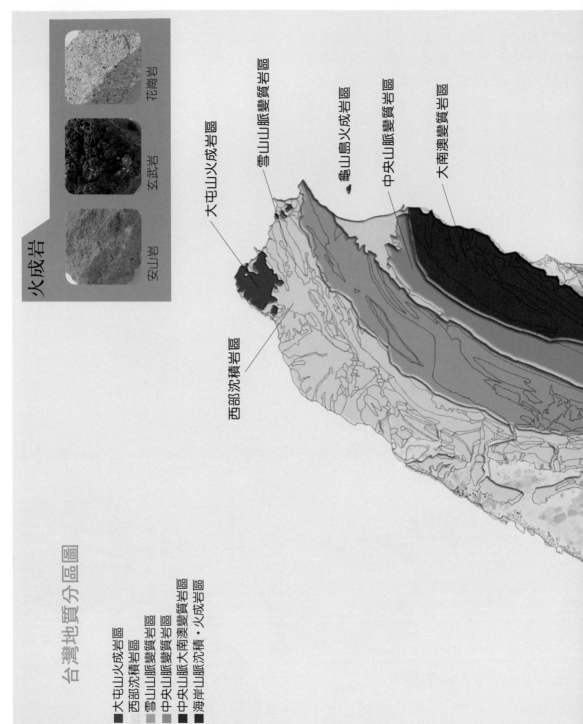

火成岩

花崗岩

玄武岩

安山岩

大屯山火成岩區

雪山山脈變質岩區

龜山島火成岩區

中央山脈變質岩區

大南澳變質岩區

西部沈積岩區

台灣地質分區圖

■ 大屯山火成岩區
　 西部沈積岩區
　 雪山山脈變質岩區
　 中央山脈變質岩區
■ 中央山脈大南澳變質岩區
■ 海岸山脈沈積・火成岩區

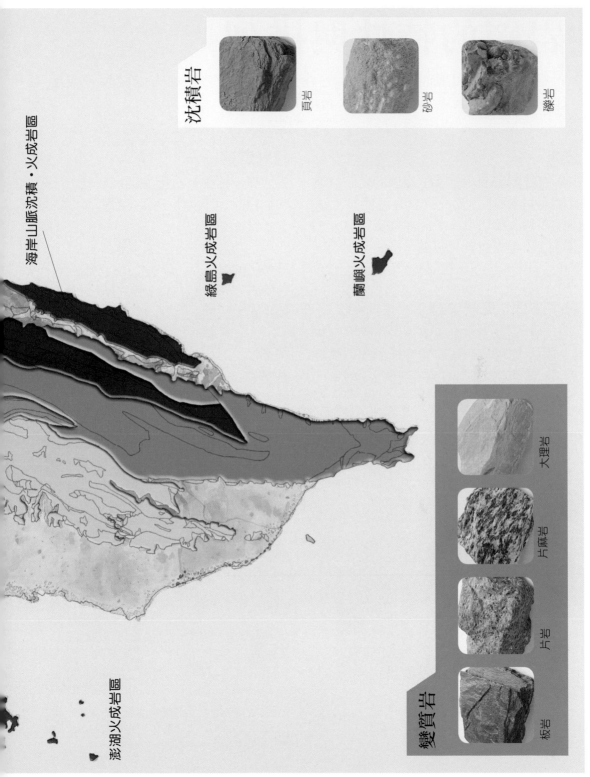

沈積岩

頁岩

砂岩

礫岩

海岸山脈沈積‧火成岩區

綠島火成岩區

蘭嶼火成岩區

澎湖火成岩區

變質岩

大理岩

片麻岩

片岩

板岩

岩層的特性與排列

岩石並不總是與地面平行排列，它在受壓時會沿著特定方向破裂、或是隆起，常形成地表上常見的高原、台地等地形。

節理

指岩層的斷裂面，且裂隙兩側的岩石並沒有顯著的相對位移。節理有可能是火成岩冷卻時收縮所造成（例如柱狀節理），也可能因壓力變動而出現（例如解壓節理）。

解壓節理（頁狀節理）

當上方的物質受侵蝕逐漸消失，岩體因解壓而向上膨脹，形成一組和地面平行的節理群，稱為頁狀節理或解壓節理。

柱狀節理

熔岩噴出地表時，因快速冷卻收縮所形成的長柱狀、多角形裂面，例如澎湖的柱狀玄武岩。

片理

指變質岩中較粗的礦物平行排列成片狀或長條狀。

葉理

變質岩中的礦物呈平行排行所形成的結構。

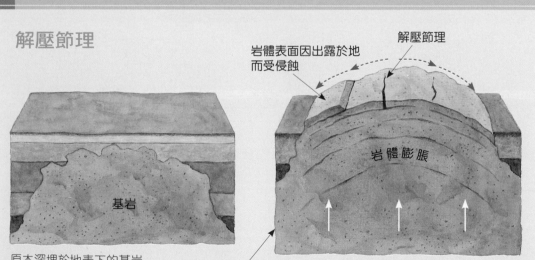

解壓節理

岩體表面因出露於地而受侵蝕

解壓節理

岩體膨脹

基岩

原本深埋於地表下的基岩

地殼舉升

表層的土壤或岩石因侵蝕作用而消失後，出露於土表的基岩開始受侵蝕，岩體本身也因上方壓力減少而產生解壓節理。

澎湖桶盤嶼的柱狀玄武岩節理

劈理

岩石受力時會順著某一方向裂開，此一分裂面便稱為劈理。

粒狀岩理

一種侵入火成岩的岩理，是大小相近的粗粒礦物呈犬牙交錯排列的現象。

粒級層

岩層內含的顆粒由上而下、由小而大排的現象。

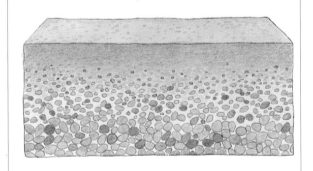

岩理

岩理有兩種含義，一是指組成岩石中組成物的顆粒大小、形狀、排列與結合方式；另一則指土壤中各種土壤顆粒的組成比例。

桃園角板山河階

高原

比四周地表高出數百公尺以上的廣闊平坦地形，通常四周有陡峭邊坡。例如青康藏高原。

青康藏高原

豬背嶺

傾角大的堅硬岩層，因受風化侵蝕，形成兩側都具有陡急坡度的山脊，又稱為豚背山。

階地

單側有陡坡的水平地形，通常陡坡下方緊鄰河水或海洋，例如桃園的角板山河階。

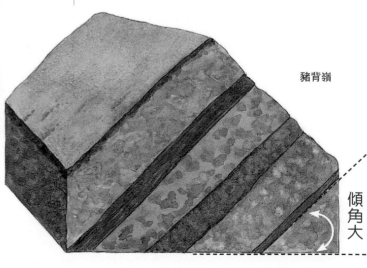

豬背嶺

傾角大

單面山

指兩側不對稱的山，通常一側的坡度平緩，另一側坡度較陡峻。

野柳岬即為一個單面山的構造。

屏東鵝鑾鼻台地

台北縣野柳岬

台地

比四周地表略高的地形，
四周是由較低矮的崖面與所組成，
與高原差異處在於高度。
例如桃園台地、彰化的八卦山台地。

單面山與豬背嶺特色比較

地形名稱	成因	特徵	實例
單面山	地層受外力影響，產生一面陡峻，一面較緩的山形	1.具有順向坡較緩、反向坡較陡的外型。 2.順向坡易出現地層滑動的災害，反向坡則可能易有落石的災害。	野柳岬、蕃子澳半島等。
豬背嶺	地層受外力影響，產生兩面均陡峻的山形。	1.山的兩側均具有陡峻的外型。 2.山脊主要由堅硬的岩層所構成。	台北縣的郊山如皇帝殿、五寮尖的稜線部分屬之。

褶皺

又稱褶曲。由於板塊的碰撞力量十分強大，常會擠壓岩層，使它扭曲變形。通常出現褶皺的岩層小至數公分、大至數百公里不等，若岩層曾多次受碰撞擠壓，會形成複雜的褶皺形狀。

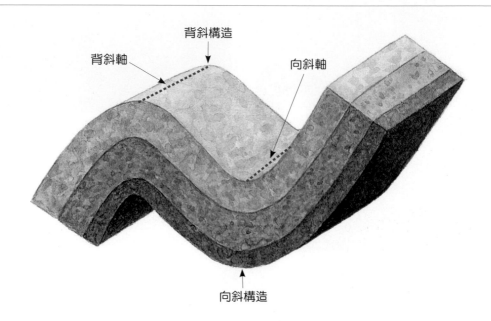

背斜軸　背斜構造　向斜軸

向斜構造

背斜與向斜

岩層受到擠壓後產生彎曲，向上拱起的部分稱為背斜，往下彎曲的部分則稱為向斜。

翼

背斜軸和向斜軸間的傾斜部分，或說褶皺的一邊。

軸

將同地層在褶皺中彎曲度最大的點相連，所形成的線稱為軸。

等斜褶皺

褶皺的兩翼具有相同的地層，且各褶皺間的軸面幾乎平行。

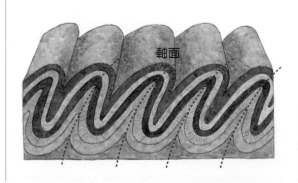

軸面

台灣的褶皺地形

花蓮木瓜溪流域中的岩層因板塊作用所出現的褶皺地形。

北投貴子坑的褶皺構造。

南橫栗松溫泉的褶皺。

倒轉褶皺

褶皺的一翼轉動幅度超過90度，使得老地層位於新地層之上的現象。

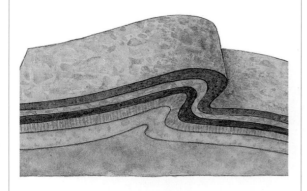

偃臥褶皺

屬倒轉褶皺的一種，但褶皺的軸面倒轉到幾乎接近水平狀態。

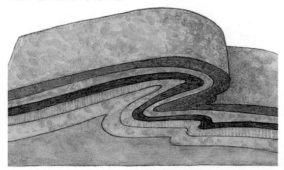

侵蝕性背斜

順著背斜軸部侵蝕所形成平直谷地的構造。

由褶皺所形成的縱谷兩側由相向的崖坡所夾峙，原本凸起的背斜軸因受張力影響，出現了較易被侵蝕的節理系統，當河流或風順著這些較脆弱向下侵蝕時，便會發展出與原始高低起伏相反的地形。

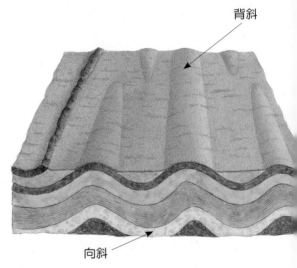

背斜

向斜

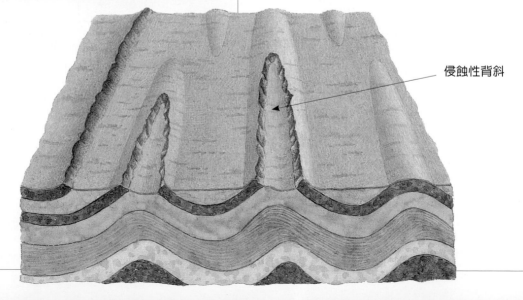

侵蝕性背斜

岩層的變位

岩層受到劇烈外力時會產生變形，斷層和褶皺都是常見的例子，有時斷層和褶皺也會同時出現。

倒轉褶皺與逆衝斷層

斷層面

偃臥褶皺與逆衝斷層

斷層面

傾角

指傾斜岩層與水平面的最大交角。

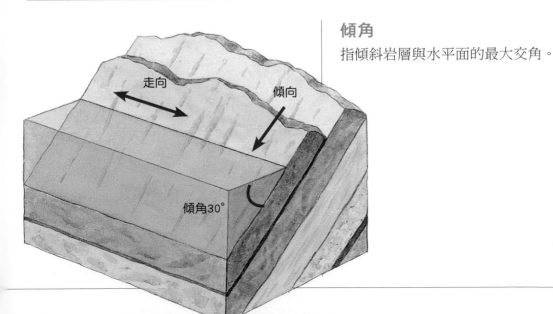

走向

傾向

傾角30°

單面山的成因

1

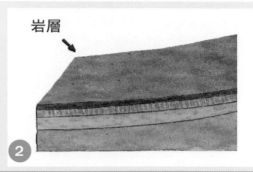

岩層

2

> 山脊兩側如果呈現一側較陡,而另外一側較為平緩的地形景觀,我們稱為單面山構造。單面山原先為堆積於河口或海岸附近的岩層,是經由河流的搬運作用一次次平整堆積上去的。

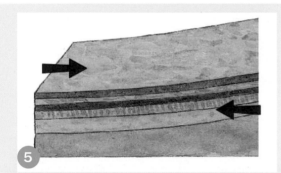

5

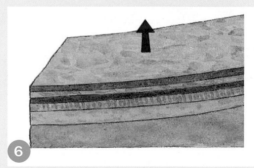

6

> 這些砂頁岩互層的地層受到板塊擠壓作用影響,逐漸被抬升向上。

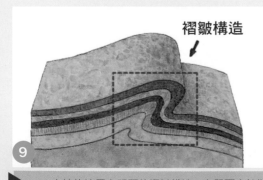

褶皺構造

9

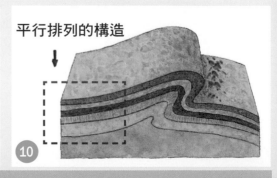

平行排列的構造

10

> 山坡的地層有明顯的褶皺構造。在單面山較為平緩的一面,則可以看出岩層與順著向下坡處平行排列的構造。

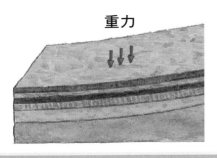

重力

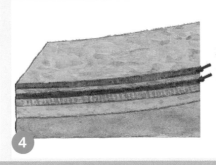

砂岩層
頁岩層

3

4

▶ 當岩層底部的堆積物質受到上方堆積物的重力作用影響，會產生壓密和膠結作用，慢慢形成一層層砂岩與頁岩層。

平緩的山坡

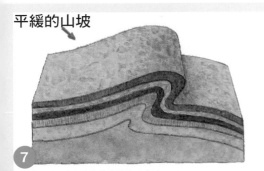

陡峻的懸崖

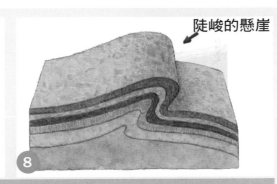

7

8

▶ 由於板塊擠壓作用，使整個地層表面形成一面陡峻、一面較為平緩的山坡。

平緩的山坡　　陡峻的懸崖

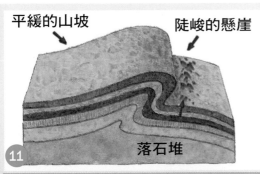

落石堆

單面山

11

12

▶ 地層較陡的邊坡，容易因坡度陡峭，使坡面上的岩層在風化後產生落石，並使山坡的坡面形成陡峭的懸崖景觀。

礦物

礦物是岩石的主要成分，有些岩石僅含有一種礦物，有些卻不只一種。當同一元素含量高、可供人類開採使用的礦物在一地富集時，便成為礦產（例如煤礦、鐵礦），而有些礦物因為少見、稀有、外形美觀，深受人們喜愛，便稱為寶石，例如鑽石。

造岩礦物

主要造岩礦物有兩大類，第一類稱為非鐵鎂質矽酸鹽礦物，幾乎不含鐵與鎂的成分，例如石英、長石、白雲母。第二類是鐵鎂質矽酸鹽礦物，含有較多的鐵與鎂成分，例如黑雲母、角閃石、輝石與橄欖石。

矽酸鹽類

含有矽氧四面體的造鹽礦物統稱。矽氧四面體是由四個大的氧離子包圍著一個矽離子所組成的四面體，是構成矽酸鹽礦物的基本單位。

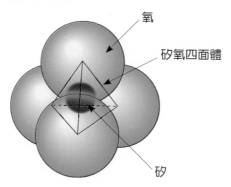

氧

矽氧四面體

矽

主要礦物

用來判斷岩石的礦物。例如花崗岩主要由石英、長石與雲母組成，雖然也摻雜少許其他礦物，但此三種礦物組成仍稱為花崗岩的「主要礦物」。

晶洞

中空的岩石裡，布滿由四周向洞心生長的礦物晶體。

硬度

礦物表面可抵抗摩擦力的程度，目前普遍以「莫式硬度表」加以標示，最硬者屬第十級，例如鑽石；最軟的為第一級，如滑石。

莫式硬度表

硬度	代表性礦物／硬度相近的物體
第一級	滑石
第二級	石膏／指甲
第三級	方解石／銅板
第四級	螢石／鐵釘
第五級	磷灰石／玻璃
第六級	長石／普通刀片
第七級	石英／鋼刀
第八級	黃玉／砂紙
第九級	剛玉
第十級	鑽石

晶系

礦物有六大晶系，且結晶構造的不同會反應在礦物外部形狀上，例如石英是六方晶系，所以純石英（水晶）的外形常是六面柱狀體。

解理面

礦物遇重力時會沿著較弱的一面破裂，這個破裂面即為解理面。

螢光

有些礦物在照射光線後會帶有螢光，即使置放於全然的黑暗中，它仍可發光一段時間，例如螢石。

斷口

未順著解理面斷裂的礦物會產生不規則的表面，稱為斷口，可依斷裂形狀再進一步細分為貝殼狀斷口、參差狀斷口等。

條痕

將礦物磨成粉末後所呈現的顏色。

礦石礦物

含有經濟價值的金屬礦物，例如黃銅礦、閃鋅礦。

礦床

岩層中含有各種金屬與非金屬元素，如果含量夠高、值得開採便稱為礦床。

地殼八大元素

礦床的形成與地殼的元素分布有關，後者主要由氧、矽、鋁、鐵、鈣、鈉、鉀、鎂等元素組成，即「地殼八大元素」。

地殼八大元素與其所佔重量百分比

	元素類別	重量百分比 Wt%
地殼八大元素	氧（O）	46.6
	矽（Si）	27.72
	鋁（Al）	8.13
	鐵（Fe）	5
	鎂（Mg）	2.09
	鈣（Ca）	3.63
	鈉（Na）	2.83
	鉀（K）	2.59
其他重要微量元素	錳（Mn）	0.1
	鉻（Cr）	0.01
	銅（Cu）	0.005
	鎳（Ni）	0.007
	鋅（Zn）	0.008
	鉛（Pb）	0.0013
	鈾（U）	0.0002

全球礦產分布圖

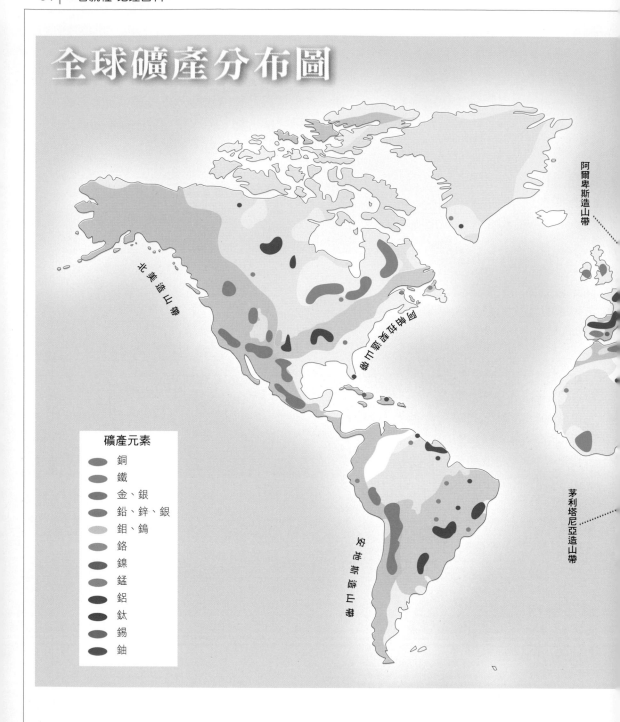

阿爾卑斯造山帶

北美造山帶

阿帕拉契造山帶

安地斯造山帶

茅利塔尼亞造山帶

礦產元素

- 銅
- 鐵
- 金、銀
- 鉛、鋅、銀
- 鉬、鎢
- 鉻
- 鎳
- 錳
- 鋁
- 鈦
- 錫
- 鈾

太陽系中的地球

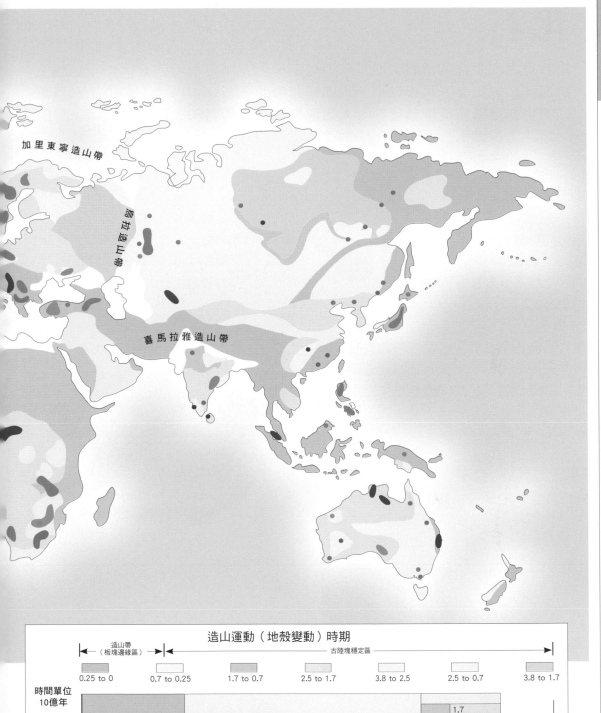

加里東寧造山帶

馬拉造山帶

喜馬拉雅造山帶

造山運動（地殼變動）時期

造山帶（板塊邊緣區）		古陸塊穩定區				
0.25 to 0	0.7 to 0.25	1.7 to 0.7	2.5 to 1.7	3.8 to 2.5	2.5 to 0.7	3.8 to 1.7

時間單位
10億年

新生代	中生代	0.25	古生代					0.7	1.7		
		二疊紀	石炭紀	泥盆紀	志留紀	奧陶紀	寒武紀	前寒武紀		2.5	3.8

0   0.065   0.245   0.29   0.303   0.409   0.439   0.51   0.544

化石

化石是古代生物的遺骸，地質學中認定的化石需包含兩個要件：一是該生物遺骸必須距今一萬年以上，否則稱為「亞化石」；再者，必須是自然死亡的生物遺骸才能稱為化石，人類取食後拋棄的貝殼所形成的貝塚，只能歸類於「考古化石」。

活化石

在中生代以前即存活至今的物種俗稱，最著名的是鸚鵡螺，台灣可見的活化石則有銀杏樹、木賊等。

鸚鵡螺

疊層石

由藍綠藻等無核原生細菌所形成的岩石。這些細菌的菌絲經年累月地黏合細粒沈積物，並疊成層狀構造，是地球早期生命的主要證據。目前最古老的疊層石出現在澳洲西部，估計距今約有三十五億年。

標準化石

可用以判斷岩層年代的化石，例如恐龍為中生代標準化石、三葉蟲是古生代標準化石。

三葉蟲化石

始祖鳥化石模型

出露

埋沒（或說保存）於地層中的化石，上方覆蓋物因侵蝕作用或人為開挖而去除後得以露出，稱為出露或露頭，除指稱化石外，亦可用於礦產。

形成化石的條件

並不是所有動植物在死亡後都能變成化石，一般而言，具骨質的硬體構造、死亡後被快速埋入沈積物中者，比較有機會形成化石，最明顯的例子即為：野外較易觀察到的化石中，貝類佔了很高比例。

太陽系中的地球

地質時間表

地質時間名稱			（距今）時間 （單位：百萬年）	主要化石
新生代	第四紀	全新世		
		更新世	0.01	
			1.8	「巧人」出現
	新第三紀	上新世	5.2	
		中新世		哺乳類動物大量增加
			23.7	
	古第三紀	漸新世	33.7	
		始新世		馬出現
			55.5	
		古新世		胎盤類、哺乳類動物出現
			65	
中生代	白堊紀			顯花植物出現
			141	
	侏羅紀			始祖鳥出現
			205	
	三疊紀			恐龍出現
			251	
古生代	二疊紀			
			298	
	石炭紀			爬蟲類動物出現
			354	
	泥盆紀			兩棲類動物出現
			410	
	志留紀			陸生植物出現
			434	
	奧陶紀			脊椎動物及珊瑚出現
			490	
	寒武紀			三葉蟲等無脊椎動物大量出現
			570	
原生代	前寒武紀			
			2500	

顯生元

隱生元

土壤

陸地表面大半覆有土壤，厚度通常小於1公尺，它是由鬆散、風化的岩石和有機質混合而成，對所有陸地生物都極重要，例如植物便需由土壤獲得營養和水分才能生長，又因地底岩石不一、氣候相異，所以各地區的土壤互有特色。土壤裡住有億萬個微生物，不但使有機廢物再循環，也讓土壤肥沃。

土壤層

土壤是由岩石風化而成，除了有機質層（又稱O層）外，往下依次是表土層（A層）、洗出層（E層）、底土層（B層）、半風化岩塊（C層）及基岩（R層）。

有機質層

位於土壤剖面的最上層，通常色澤深暗，是由枯枝落葉、腐植質等構成，蚯蚓和螞蟻等動物會慢慢將它與表土層混合。

表土層

最接近地表的土壤層，因洗出作用使得此層顆粒較細的有機質及礦物往下移動，而在此層留下較粗的顆粒。

洗出層

位於表土層之下，由於黏土礦物、氧化鐵和氧化鋁等物質因洗出作用而流失，導致石英粒富集、外觀偏灰白色。

基岩

又稱母岩，指位於地表土壤或岩層下，尚未風化的岩體。

底土層

位於洗出層之下，主要由黏土和氧化物礦物所組成，有時也稱為洗入層、澱積層。它的腐植質較表土層少、風化程度也較低，土壤中含有來自上方土層所洗入的細粒物質，顏色鮮明，常見的有黃、棕或紅色等。

腐植質

動植物的殘骸受到微生物的侵蝕後，會分解成深褐色或黑色的物質，即為腐植質，它是土壤中礦物質和營養鹽的重要來源。

增添作用

在原有土壤表層中增添其他物質的過程。例如落葉落至地表腐化成為土壤的一部分。

淋融作用

土壤中的滲漏水將礦物質等可溶性物質溶解且帶離土壤的過程。

洗出作用

指滲入土壤中的水將上層的細粒物質往下層搬運的作用。

土壤分層

土壤是由風化的岩石及腐植質所組成，隨著風化的時間越久，層次越見多而分明。

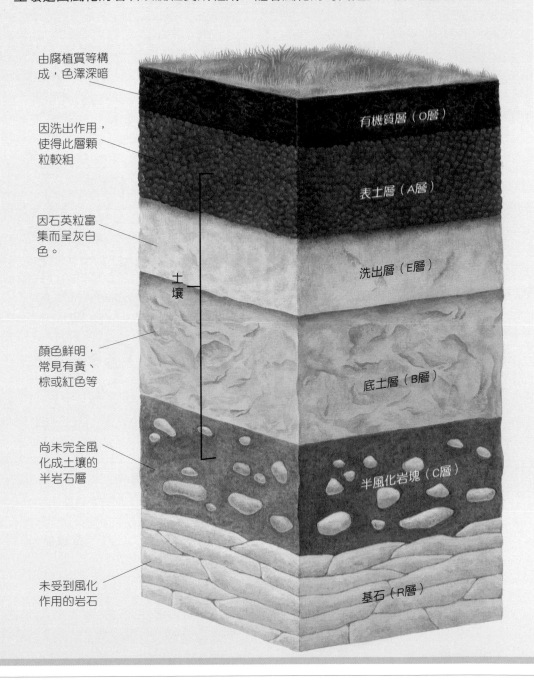

由腐植質等構成，色澤深暗

因洗出作用，使得此層顆粒較粗

因石英粒富集而呈灰白色。

土壤

顏色鮮明，常見有黃、棕或紅色等

尚未完全風化成土壤的半岩石層

未受到風化作用的岩石

有機質層（O層）

表土層（A層）

洗出層（E層）

底土層（B層）

半風化岩塊（C層）

基石（R層）

台灣鹽化土壤分布

台灣的鹽化土主要分布在西部彰化至高雄沿海地區，後又因養殖業超抽地下水引起地層下陷、海水倒灌，導致沿海鹽化土分布區域擴大，已延伸到屏東枋寮一帶。

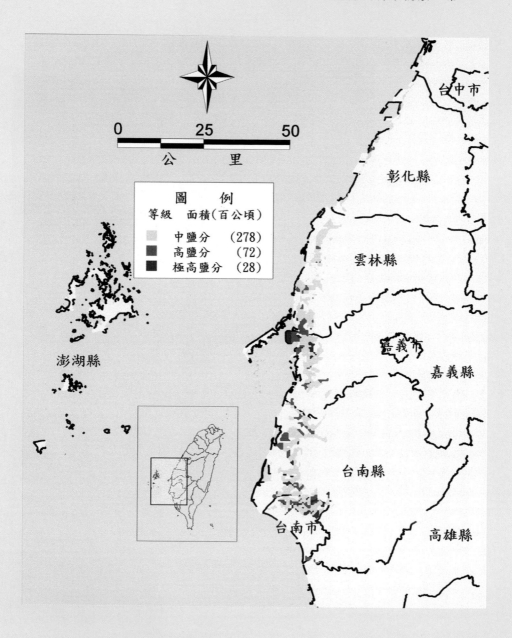

洗入作用

指滲入土壤中的水由上層土壤中帶來腐植質等細粒物質,並在底土層沈澱堆積的作用。

土壤的分類

對土壤型態的辨識和歸類的方法,最常見的是美國農業部以形成土壤的氣候和植被所做的分類。

土壤侵蝕

因雨水滴落或風蝕作用造成的土壤流失,其他如人類的開墾、開發也會引發此一現象。

土壤液化

一旦飽和的土壤受到震動,土壤顆粒之間的孔隙水壓陡升、水分迅速被釋放而排擠周圍的土粒,使得土壤顆粒間原有的結構失衡,土壤的支撐力瞬間降低的現象。

土壤鹽化

指鹽分在土壤中累積,導致土壤生產力降低的現象。最常見的情形是沿海地區被倒灌的海水淹沒後,若積水在原地蒸發,鹽分便滯留在土壤表層造成鹽化現象;另一種情形是乾燥地區為農耕需求大量引水灌溉,使地下水位上升,一旦含有鹽類的地下水因毛細管作用達到地表時,鹽類即有可能因蒸發作用而停留在土壤裡,造成鹽化現象。

參見
風化作用P122

永凍土

高緯度地區的冰原或高山冰河地區,因氣候寒冷,土壤中的水分已兩年以上未曾解凍的土層。全球有20~25%的土地為永凍土,主要分布在俄羅斯、加拿大和美國阿加斯加地區。

土壤的質地

可分為粗、中或細粒三種,由所含的砂、黏土和粉砂的相對含量而定。細黏土及粉砂質土壤孔隙小,能保留水分,相較之下粗砂質土壤空隙大,排水快速,因而養分易流失,因此可能不肥沃。土壤酸鹼度以pH值0(最酸)到14(最鹼)表示。酸鹼度影響著土壤的養分,也影響土壤裡生物的活動性。

森林

森林是眾多生物賴以為生的棲息地，除了有強風、鹽霧侵蝕或土壤貧瘠的土地外，自赤道至極地區域都有可能出現森林。

森林演替

或稱「森林消長」，可再細分為原生性與次生性演替。意指隨著時間演變，林木組成互有消長、終至達成動態的穩定平衡。

森林的垂直結構

又稱為「林分結構」，天然林由於植物出現的時間不一，再加上氣候等因素影響，使得植物的大小與高度出現差異；這些差異也會對生存其中的動物造成影響。

當森林演替達到成熟階段，樹種多樣性增加，森林的垂直結構也變得複雜

陽性樹種逐漸茂盛，使得林間日照不足，部分植物被耐蔭性樹種取代

陽性樹種（又稱先鋒林）出現

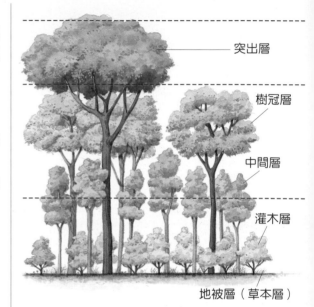

突出層

樹冠層

中間層

灌木層

地被層（草本層）

灌木出現於草本植物之間

低矮的草本植物進駐

人工植群

由人類所栽種而成的植物群落，當種植面積夠大、植物成林後，便形成人工植群，或造人造林。例如溪頭的柳杉林。

因自然因素、火災或人為開墾，使得土壤裸露

台灣的林群類型

台灣的陸地部分原本有高達60％都被森林所覆蓋，除了闊葉林，原本出現在溫帶、高緯度的森林植群也出現在亞熱帶台灣的高海拔地區，換言之，台灣的森林恰似北半球森林的縮影。

高山寒原

出現在海拔3,500公尺以上的高山地區，因土壤、氣候等條件均不利森林發展，只有矮性灌木及草本植物能生存，較常見的植物有玉山杜鵑、玉山圓柏

亞高山針葉林

出現在3,000～3,500公尺的高海拔山區，常見的林木植物有台灣冷杉、玉山箭竹、高山白珠樹等

冷溫帶針葉林

出現在2,500～3,000公尺的高海拔山區，常見的林木植物有鐵杉、雲杉、玉山箭竹等

涼溫帶針、闊葉混合林

出現在1,800～2,500公尺的中、高海拔山區，常見的林木植物有檜木、台灣杉、紅楠等

暖溫帶闊葉林

出現在500～1,800公尺的低海拔山區，常見的林木植物有大葉楠、台灣肖楠、桂竹、孟宗竹等

亞熱帶闊葉林

出現在北台灣海拔500公尺、南台灣海拔700公尺以下的地區，常見的林木植物有構樹、相思樹、油桐等

熱帶季風林

僅見於蘭嶼及南台灣海拔200公尺以下的地區，常見的林木植物有白榕、海檬果、棋盤腳等

氣候

「天氣」指某地在短時間內大氣中實際發生的現象，舉凡對流雨、雷陣雨、冰雹、鋒面、龍捲風等都屬天氣的範疇。「氣候」則指氣象要素或天氣現象長期、平均的狀態，例如台灣西南部的冬季為乾季、基隆地區冬季多雨等。

氣壓

大氣重量所形的壓力稱為氣壓，通常以百帕為單位。在緯度45度、溫度攝氏0度的海平面所測得的氣壓值稱為一個標準大氣壓。

等壓線

將氣壓相同的點所連結而成的封閉曲線，稱為等壓線。

高、低氣壓

中心氣壓較四周高的，稱為高氣壓；較四周低的，稱為低氣壓。氣壓的高低可由天氣圖中的等壓線進行簡易判讀。

等雨線

將同一段時間內降水量相同的地點相連所形成的曲線稱為等雨線；依其時間長短可分為年雨線、日雨線等。

等溫線

將同一段時間內、氣溫相同的地點相連所形成的曲線稱為等溫線，依時間長短可分為年均溫、月均溫和日均溫等。

氣候、緯度與海拔高度

由赤道往北極（或南極）可大略分為熱帶氣候、亞熱帶氣候、溫帶與寒帶；但熱帶地區的高山若海拔夠高，也會出現類似的氣候分區現象。

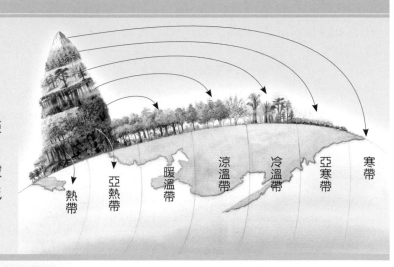

熱帶　亞熱帶　暖溫帶　涼溫帶　冷溫帶　亞寒帶　寒帶

微氣候

指接近地面或小範圍的氣候現象，例如都市因大樓林立，造成氣流受阻、風速增強的現象便屬微氣候研究範疇。此外，微氣候也常用於監控區域性污染物的擴散，例如在設立會產生廢氣的工廠時，必須考量設置地點的風向，以免污染物隨風向市區吹送等。

← 氣候系統是由大氣層、水圈、地圈、冰圈和生物圈等子系統所組成，各系統對整體氣候的影響時間與範圍並不一致，它們彼此之間也會進行能量的轉換和相互影響，使得氣候系統更形複雜。

❶ 大氣層
❷ 冰圈
❸ 地圈
❹ 水圈
❺ 生物圈

★ 參見
大氣層P24、氣團P70、風P72、
水氣P86、降水P94、天氣預測P196、
颱風P202

都市熱島

指市區溫度明顯高於郊區，形同突出於海面的孤島一般。造成這種現象的主因是：綠地少，地面幾乎全為水泥、柏油覆蓋，人口大量集中、空調排出的熱氣及汽機車的廢氣不易散失，使得都市在入夜後氣溫仍居高不下。

大氣環流

太陽熱量在進入地球後，低緯度地區所接收到的熱量要比高緯度地區多，使得空氣在較低緯度的熱帶地區受熱上升，一旦到達對流層頂，便開始往兩極移動，並在高緯度地區下降，再由極區往赤道流動，形成環流胞；目前觀測到在不同緯度的環流共有三個，分別稱為哈德里胞、佛雷爾胞和極地胞。

聖嬰現象

原本由東往西的南赤道洋流減弱，西太平洋暖海水反向東流，使東太平洋海溫顯著增加，海溫的變動改變了大氣環流的結構，導致應該是雨季的西太平洋降雨量減少，形成乾旱，而原本應為乾季的東太平洋沿岸卻降下豪雨，造成水災。亞洲地區在聖嬰現象出現時，往往在印尼等地造成乾旱甚或森林大火。

「聖嬰」一名源自南美洲漁民的傳說，早年瀕東南太平洋岸的瓜多爾及祕魯等地發現，萬一遇上冬季魚群遠離岸邊、捕不到魚時（因海溫增度所致），河面常可撈到漂浮的柳橙、香蕉，出現這種

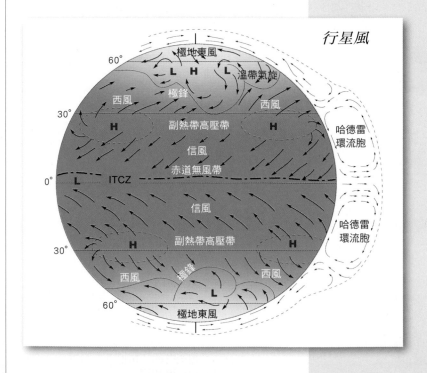

行星風

現象的時節往往很接近耶誕節,因此當地人便視此為禮物,稱之為聖嬰;另一方面,出現這種現象的年份也代表著農漁歉收,土著會以小男孩獻祭祈福,被當作祭品的男孩同樣也叫聖嬰。

直到20世紀科學家才發現,每隔數年赤道附近的東太平洋海溫會在冬季異常升高,且往往持續數月之久,聖嬰一詞也被擴大為「聖嬰現象」,用來稱呼這種大範圍、時間長的氣候異常現象。

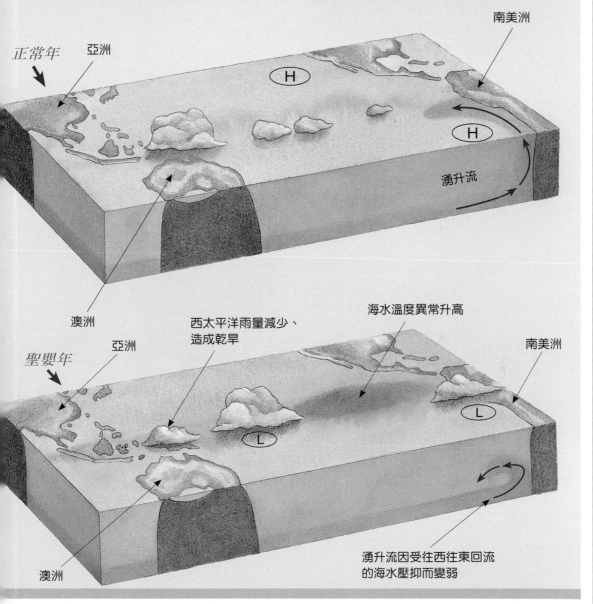

正常年

亞洲

南美洲

H

H

湧升流

澳洲

聖嬰年

亞洲

西太平洋雨量減少、造成乾旱

海水溫度異常升高

南美洲

L

L

澳洲

湧升流因受往西往東回流的海水壓抑而變弱

全球氣候區

海拔高度、離海遠近及緯度均會造成氣候差異。

1 熱帶雨林氣候
2 熱帶季風氣候
3 熱帶莽原氣候
6 副熱帶季風氣候
7 地中海型氣候

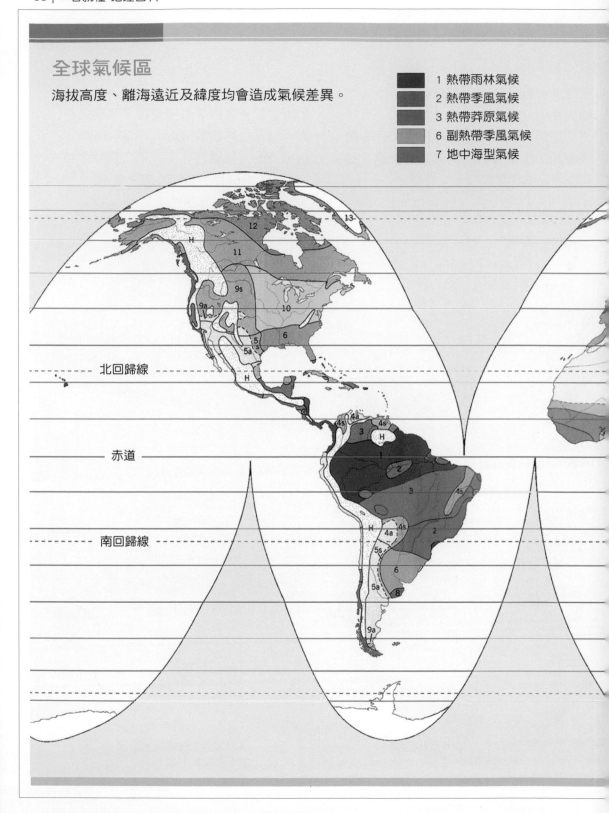

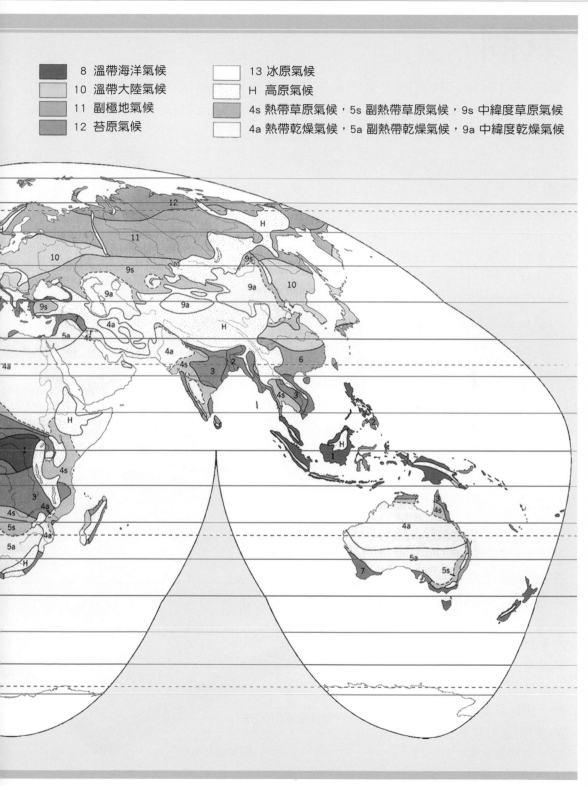

8 溫帶海洋氣候
10 溫帶大陸氣候
11 副極地氣候
12 苔原氣候
13 冰原氣候
H 高原氣候
4s 熱帶草原氣候，5s 副熱帶草原氣候，9s 中緯度草原氣候
4a 熱帶乾燥氣候，5a 副熱帶乾燥氣候，9a 中緯度乾燥氣候

氣團

氣團是具有均一性質的大量空氣，不同性質的氣團相遇時會產生交互作用，此時兩氣團交會處稱為鋒面。暖氣團與低壓系統有關，而冷氣團則形成高壓系統，例如冬季的蒙古冷氣團。

鋒面

冷暖氣團交會處的帶狀界面稱為鋒面。鋒面短則數百公里，長則數千公里，會隨著冷暖氣團的強度變化而改動移動方向，並可依移動的情形再細分為冷鋒、暖鋒、滯留鋒及囚錮鋒等。

冷鋒

當冷氣團較強，使得鋒面往暖氣團方向移動時，稱之為冷鋒。冷鋒來臨前氣溫會升高，冷鋒過後則氣溫會明顯的降低，台灣在冬季時常見由西北方南移的鋒面即為冷鋒。

寒潮、寒流與寒害

每到冬季，位居高緯度且地勢平坦的地區因為無法有效地接收太陽輻射，加上地面多半被冰雪覆蓋，使得地表溫度迅速降低，冷空氣大量聚集；待冷空氣累積到一定量時，便會往低緯度及氣壓較低處移動，由於寒冷的空氣會使氣溫急速下降，因此稱為寒潮或寒流，因低溫所造成農林漁牧業的損失，則稱為寒害。

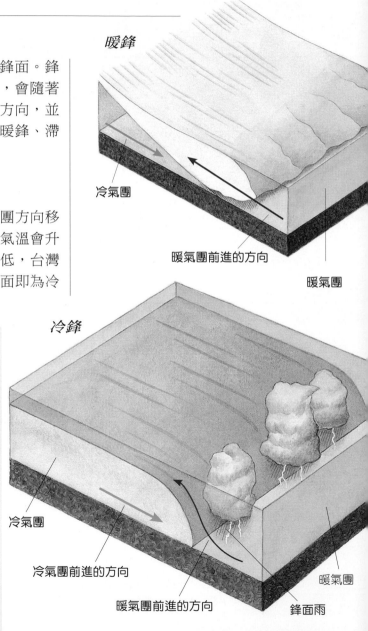

暖鋒

冷氣團

暖氣團前進的方向

暖氣團

冷鋒

冷氣團

冷氣團前進的方向

暖氣團前進的方向

暖氣團

鋒面雨

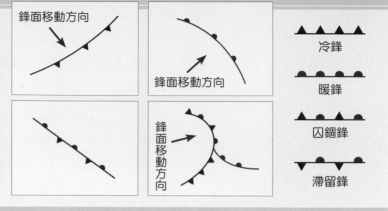

符號

氣象圖中有專門代表冷／暖鋒面的符號,紅色線條帶有半圓形者代表暖鋒,藍色線條帶有三角形者為冷鋒。線條上的三角形及半圓形頂端指示鋒面移動方向。

鋒面移動方向

鋒面移動方向

鋒面移動方向

▲▲▲ 冷鋒

●●● 暖鋒

▲●▲● 囚錮鋒

▼●▼ 滯留鋒

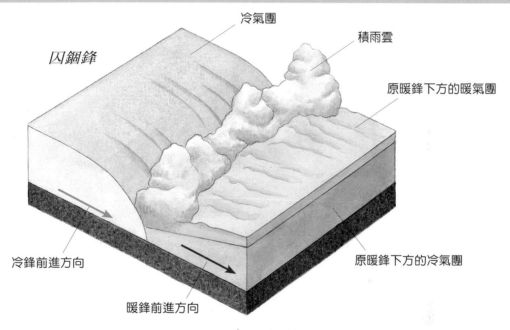

囚錮鋒

冷氣團

積雨雲

原暖鋒下方的暖氣團

冷鋒前進方向

暖鋒前進方向

原暖鋒下方的冷氣團

暖鋒

當冷氣團減弱,則鋒面會向冷氣團的方向移動,便形成了暖鋒。與冷鋒相反的是,暖鋒過後氣溫通常會升高。

滯留鋒

當冷、暖氣團勢均力敵,使鋒面無法順利往單一方向移動,只能徘徊或停留在原地時,便成為滯留鋒,每年5、6月間為台灣帶來梅雨的即為滯留鋒。

囚錮鋒

一旦暖鋒在前、冷鋒在後地同時移動,因冷鋒速度較快,會趕上暖鋒,使得兩道鋒面合而為一,重疊的部分就是囚錮鋒。囚錮鋒往往會帶來大量降雨。

參見

氣候P64、降水P94

風

由於氣壓差異，使得空氣產生水平方向的運動即為風。

龍捲風

指快速旋轉的極低氣壓風暴，中心風速快，但直徑小於100公里，它可以出現在陸地，也可以出現在海面上（即水龍捲），持續時間大約一至兩小時。

龍捲風是因冷鋒所形成的積雨雲中，上升的氣流因雲內的風速和風向變化，開始由雲頂緩慢旋轉並向下盤繞，形成上寬下窄的漏斗狀，若旋轉的空氣繼續往下，風速會因半徑縮小而加快，在雲底形成漏斗雲，一旦接觸到地面便形成龍捲風。

焚風

潮溼的空氣在爬升過山脈時，因絕熱冷卻作用使得水氣凝結成雲、在順風坡降下地形雨，這些水氣含量已降低的空氣若繼續翻越山嶺，向另一側山坡流動時，便會形成高溫且乾燥的風。焚風會造成當地氣溫升高，有時會導致農作物受損，例如冬季時台東的焚風。

海風與陸風

由海洋向陸地吹拂的稱為海風，反之則為陸風。

白天在太陽照射下，陸地因吸熱快，所以溫度比海洋高，便產生了由海洋（高壓）吹向陸地（低壓）的風，亦即海風。

到了夜晚因陸地散熱較海洋快，溫度也變得比海洋低，因此風向轉而由陸地（高壓）吹向海洋（高壓），即陸風。

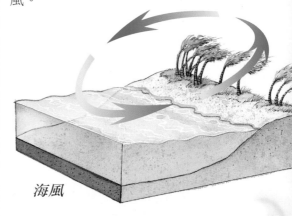

海風

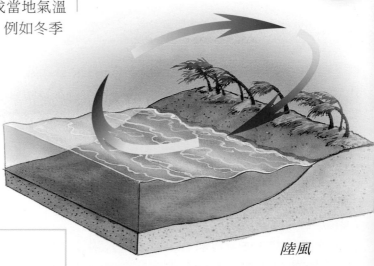

陸風

★ 參見
大氣層P24、氣團P70、颱風P204

蒲福風級表

級別	名稱	狀況描述	風速（公尺／秒）
0	無風	煙直上，無偏移	＜0.3
1	軟風	煙能指示風示，但風標不會移動	0.3～1.5
2	輕風	人可感覺有風，同時樹葉會飄動，風標也會轉動	1.6～3.3
3	微風	樹葉及較細的樹枝搖動不停，旗幟飄揚	3.4～5.4
4	和風	塵土飛揚，樹的分枝也會搖動	5.5～7.9
5	清風	有葉的小樹開始晃動	8.0～10.7
6	強風	樹的大分枝動，電線發出呼呼聲，撐傘不易	10.8～13.8
7	疾風	全樹搖動，徒步逆風而行有困難	13.9～17.1
8	大風	小樹枝被吹折，徒步幾乎無法逆風前進	17.2～20.7
9	烈風	建築物被吹損，煙囪會被吹倒	20.8～24.4
10	狂風	樹被連根拔起，建築物有嚴重損毀	24.5～28.4
11	暴風	極少見，出現必有重大災害	28.5～32.6
12	颶風		32.7～36.9
13			37.0～41.4
14			41.5～46.1
15			46.2～50.9
16			51.0～56.0
17			56.1～61.2

落山風

這是屏東恆春地區特有的天氣現象，常見於秋冬季節（10月至翌年4月）。當東北季風較強時，風會越過中央山脈往南，但到恆春附近時，因山的高度降低，氣流便越山而過，形成強勁的下坡風，也使氣溫下降，稱之為落山風。

亂流

指大氣不規則流動的現象，通常出現在高空噴流或風向、風速突然轉變的地方；亂流若出現在晴天則稱為「晴空亂流」，對於飛航安全有重大影響。

風冷效應

空氣的流動會加速身體熱能散失，讓人感到寒冷，這種因風而起的作用便稱為風冷效應。例如：在攝氏5度狀態下，若吹來風速每秒10公尺的風，則人感受到的溫度會變成攝氏3度。

季風

在大範圍海陸交界處，因陸地和海洋的比熱差異，以及大陸冷氣團和熱帶海洋氣團位移，導致風向大規模且一百八十度轉變的現象，例如台灣在冬季時吹東北季風，夏季時即為西南季風。

風速

指風移動的速度，一般以零到十七級表示。

風速分類法最早是由英國海軍軍官蒲福提出，之後雖經修正，但仍統稱為「蒲福風級表」。

季風的形成

台灣位於亞洲大陸東部和太平洋西部的交界處。春分過後，太陽漸漸往北移動，到了6月20日左右，會移至北回歸線附近，這時亞洲大陸因陸地溫度上升速度比東側的太平洋快，因此形成了低壓區。

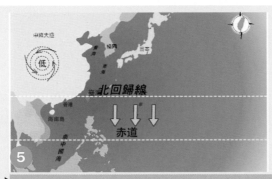

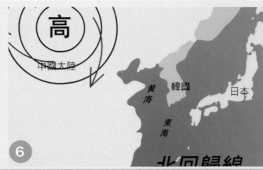

過了6月，太陽開始南移。 9月中旬以後，太陽直射赤道附近。夏季時亞洲大陸的低壓，因氣溫不斷下降，慢慢轉變為高壓系統，而太平洋的夏季高壓，漸漸減弱成一個低壓區。

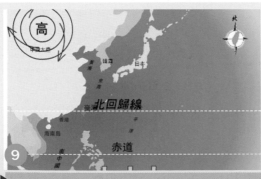

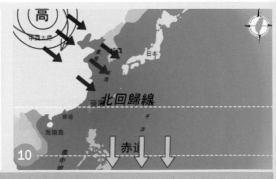

12月時，太陽的直射南移至南回歸線附近。亞洲大陸的陸地上，因溫度持續的降低，而形成更強的高壓區，北太平洋地區，也因持續的降溫，而形成更明顯的低壓區。

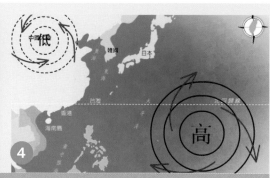

相反的，太平洋因海水比熱大，溫度上升情況比亞洲大陸小，形成相對的高壓區。這時，風由太平洋的高壓區吹向低壓區的亞洲大陸，會挾帶著溫暖潮濕的空氣，為亞洲大陸東部帶來溫暖濕潤的氣候型態。

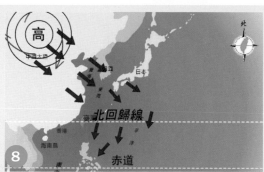

此時，由海洋吹向陸地的夏季季風，也將慢慢停止。來自大陸高壓吹出的冬季季風也慢慢形成。

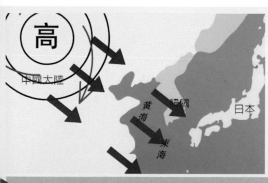
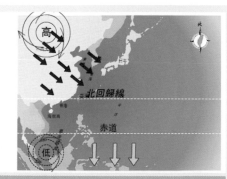

由大陸高壓區吹向海洋低壓區的季風也更為強大，並帶來乾冷的冬季天氣型態。

行星風系

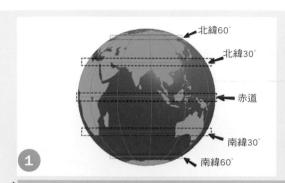
① ②

這是沒有傾斜23.5度的地球，地球上可看到赤道、南北緯30與60度等緯線分布。均勻的大氣，分布於地表上空。此外，在地球的遠方，有個直射赤道的太陽。

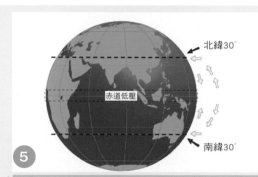 
⑤ ⑥

空氣流動到南、北緯30度附近，因溫度降低，開始發生下沉現象，而地表因不斷有空氣從高空下沉，相對於周圍地區而言，因空氣不斷增多使氣壓上升，而形成副熱帶高壓。

北半球科氏力偏右、南半球科氏力偏左，於是北半球風向由往南轉為西南，形成東北信風。南半球風向則由往北轉為西北，形成東南信風。

⑨ ⑩

在30度附近往低緯度地區吹送的風，北半球風向由往南轉為西南，形成東北信風。南半球由往北轉為西北，形成東南信風。在南北兩極的極點附近，南北半球的風向都轉成接近東風，形成極地東風帶。

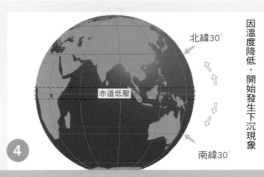

因溫度降低，開始發生下沉現象

此時赤道附近大氣因太陽不斷直射而膨脹，相對於周圍的空氣變得比較輕，使得空氣不斷從地表上升，赤道地表的空氣不斷減少而形成低壓，熱空氣上升至對流層頂部後，開始往南北的方向流動。

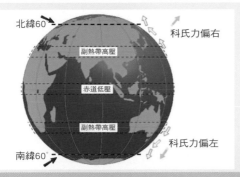

緯度30度附近，往高緯度流動的空氣，北半球因科氏力偏右、南半球偏左，於是北半球風向逐漸向右偏，南半球向左偏。到了緯度60度附近，其風向接近由西向東吹拂的風向，形成著名的盛行西風帶。

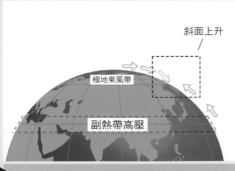

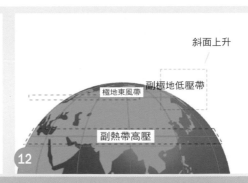

從30度地區吹向高緯度的西風，與由極區吹出的東風，在60度附近相遇後，相對溫暖且輕的西風沿著寒冷且重的東風斜面上升，形成副極地低壓帶。

水文

水文主要探討一地所有的水及水氣相關知識，例如地表水、地下水與水循環、水平衡等等。簡單地說：水氣凝結後落在地表，形成地表逕流，地表逕流大部分匯入河川、少部分滲入地下成為地下水；另外，河川與湖泊等組成了水系，水系的水源範圍稱為集水區，這些水的流動、蒸發形成了水循環，也影響一地的水平衡。

朴子溪流域圖

牡蠣養殖

鰲鼓溼地

朴子溪

蒜頭大橋

外傘頂洲

東石漁港

朴子

膠筏

朴子溪口

發源於四天王山芉菜坑的朴子溪，總長75.87公里，流域面積達400.44平方公里，其上游為牛稠溪，在穿過牛稠山之後才稱為朴子溪。因航道淺，當地漁夫發展出一種吃水淺、只適合當天往返於近海捕魚的膠筏。由於地層下陷的影響，漲潮時海水會深入內陸、直達離海20公里遠的蒜頭大橋下

蚵架

布袋鹽田

如今已廢曬的鹽田仍遍布在布袋及附近沿海地帶

流域

河流及其支流所行經的區域。

水循環

地球上的水透過蒸發、降水等過程，在地表和大氣間不斷地循環流動的過程。

水平衡

某地在一定時間裡，總水量的收入與支出的平衡狀態；水平衡有可能是剩水（過度時形成水災）、缺水（旱災）或恰好平衡的。

自流井

因水壓使地下水從井中自然湧出者。

水系

河川的主、支流及與其相連的湖泊等水體的總稱。

內陸水系

未流入任一海洋的河流稱為內陸河，內陸河的集水區及流域便稱為內陸水系。

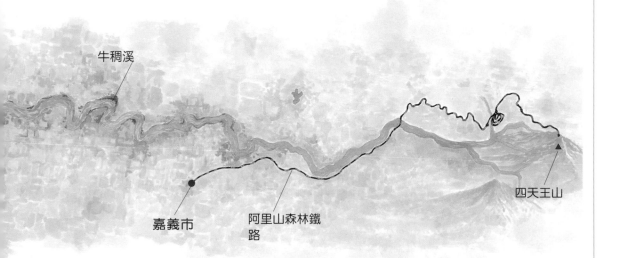

牛稠溪

四天王山

嘉義市

阿里山森林鐵路

地層下陷

原本飽和的土壤層裡富含了沙礫，其間充滿水分，一旦地層中的水被抽走，而地表滲水來不及挹注時，會使土壤沙礫間出現孔隙、失去支撐力，使得土壤沙礫必須增加密度才能承重，結果便是土層壓密、厚度變薄，造成地表的建築物下陷、土壤高度下降。屏東縣林邊鄉早年便因養殖漁業超抽地下水，導致地層嚴重下陷。

集水區

利用同一河流排水的地表範圍總稱。顧名思義，在此區內的所有降雨、地表逕流及地表下逕流，最終都將匯入此河中。

參見

水氣P86、降水P94、河流作用P132、河流地形P140

地理動畫 地層下陷的成因與災害

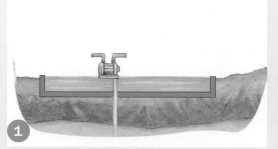

1

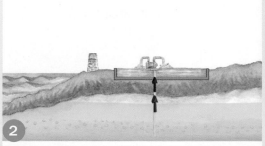

2

▶ 台灣沿海平原上有許多的養殖漁業活動，養殖池大多有馬達機房，這些馬達機房是用來抽取地下水以作為附近魚塭的養殖用水的。但是大量抽取地下水卻可能導致地層下陷。

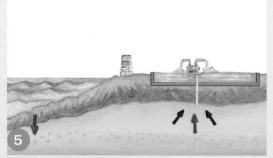

5

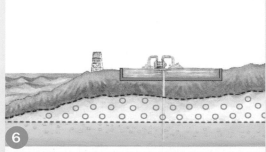

6

▶ 一旦持續大量抽取地下水，而且抽取量遠大於自然的補注量，就會使得地下水緩慢下降。

重力

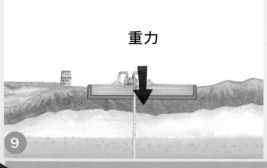

9

10

▶ 當地下水面不斷下降後，地表的建築物等也因重力的關係產生下沉的現象，於是我們會看到地層下陷嚴重的地區，許多房舍的一樓已經沉入地層而剩下半層樓的情況。

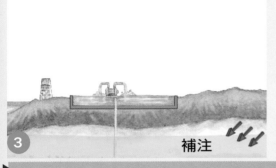

正常情況下，若抽取的地下水量有進行總量管制時，地下水會透過自然的方式進行補注，並且維持地下水的抽取與補注間的平衡。

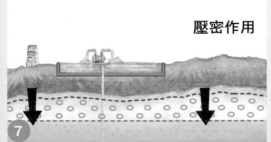

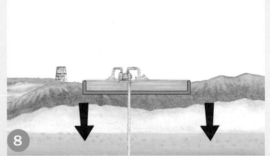

該地區的地層，因為地下水位不斷的下降，原先儲存地下水的孔隙受到來自上方土壤與岩層的重量影響，產生壓密作用，孔隙逐漸變小、變少，整個地層會產生緩慢且持續的下沈現象。

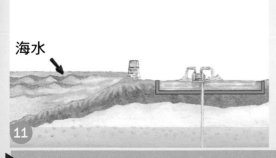

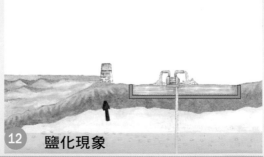

此外，地下水面下降會使得靠近海岸的海水開始入侵地下水，使得地下水與土壤產生鹽化現象，造成該地區土壤無法耕作的情況。

地下水

蘊藏在地表之下的、可流動的水，主要補注來源是降水，及河道、湖泊下滲的水分。

透水層
大部分是礫岩或砂岩，孔隙間充滿了自由地下水

棲止地下水
位於地下水面之上，因被岩層或土壤
所包圍，形同孤立的地下水體

自流井

山泉

河流

地下水面
指不受阻水層限制的
地下水飽和帶上緣，
大致與地面平行

不透水層
（通常是頁岩等
細質地岩層）

自由地下水
存在於鬆散的沙礫層裡，
可由地表鑽井取用

不透水層
又稱為阻水層，指阻斷地下
水流動的岩層，通常是由坋
沙、黏土所組成緻密頁岩

受壓含水層
（又稱為飽和帶）

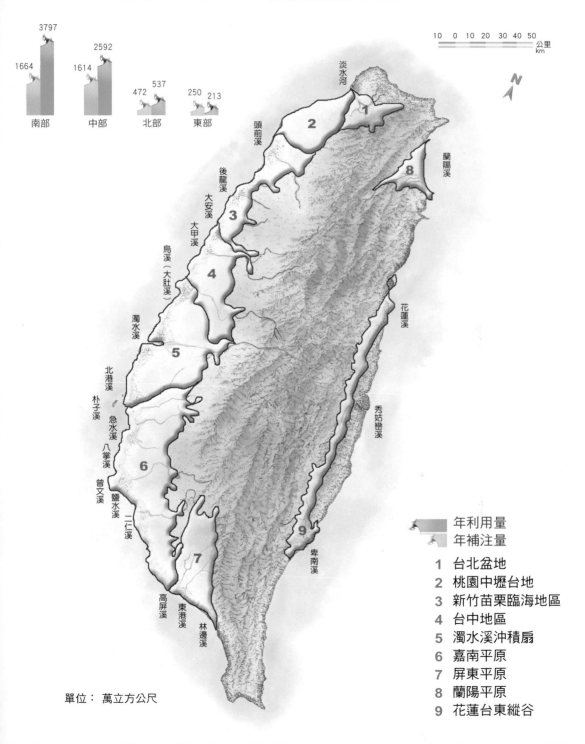

台灣地區地下水區範圍及抽用量圖（經濟部水資源局，1999）

單位：萬立方公尺

年利用量
年補注量

1　台北盆地
2　桃園中壢台地
3　新竹苗栗臨海地區
4　台中地區
5　濁水溪沖積扇
6　嘉南平原
7　屏東平原
8　蘭陽平原
9　花蓮台東縱谷

水系類型

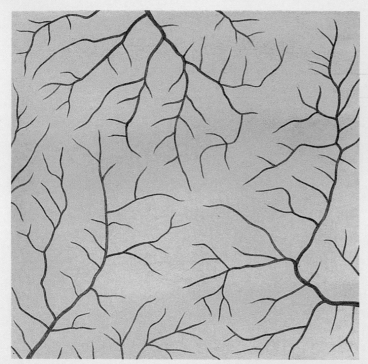

樹枝狀水系
河水的主、支流呈類似樹枝分岔狀。通常出現在地形坡度變化不大，且岩性均勻的集水區。如南美西馬遜河流域。

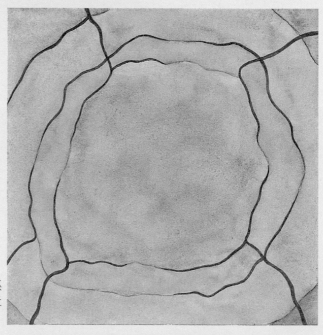

環狀水系
河水的流向呈同心圓狀，此一水系受地質影響甚鉅。如獨立的火山丘水系。

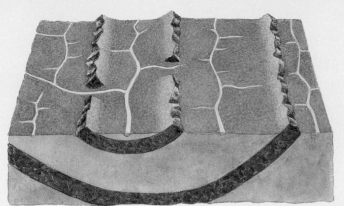

← 格子狀水系
同一集水區內的主要河水彼此平行，但支流的走向則不一定。通常出現在軟硬岩交錯的地區。如中國大陸的閩江流域。

→ 放射狀水系
由高處向四周呈放射狀往外流水系。如台北的大屯山。

← 矩形水系
河水的主、支流轉彎時接近直角角度，常出現在節理或多小斷層的岩層。

水氣

空氣中的水氣透過蒸發和降水等作用，會在地球表面和大氣層
之間不斷的循環流動，而在循環過程因為溫度差異的
影響，會使得水氣分別形成雲、霧、雪、露、
雨等多種變化。

水的循環與分布

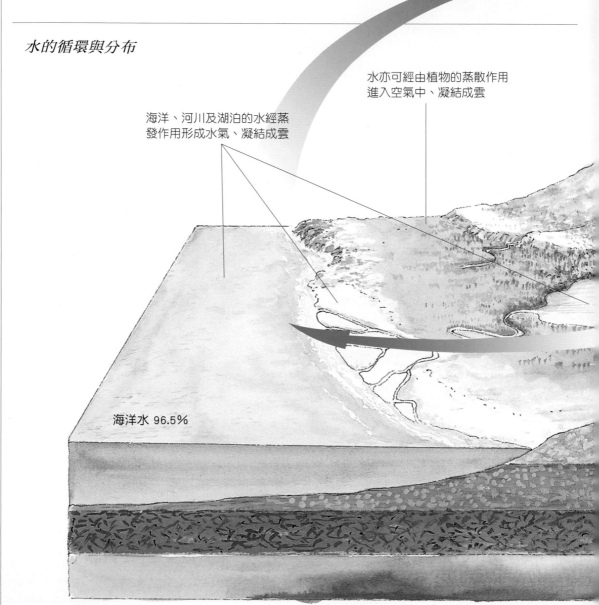

水亦可經由植物的蒸散作用
進入空氣中、凝結成雲

海洋、河川及湖泊的水經蒸
發作用形成水氣、凝結成雲

海洋水 96.5%

水形成雨或雪回到地面，有些落入河川、湖泊，有些凍結成冰河

冰河或積雪融化後形成水，流入河川、注入海洋，或滲透地表形成地下水

降水、河水、湖泊 0.01%

冰河 1.8%

★ 參見
★ 水文P78、降水P94
★

所在緯度 \ 雲族高度	高雲	中雲	低雲	直展雲
熱帶地區	6至18公里	2至8公里	地面至2公里	
溫帶地區	5至13公里	2至7公里	地面至2公里	
寒帶地區	3至8公里	2至4公里	地面至2公里	
雲類	卷雲、卷積雲、卷層雲	高積雲、高層雲	雨層雲、層積雲、層雲	積雲、積雨雲

雲

雲是由空氣中的水氣經由凝結或昇華作用而成，且懸浮在空中但不接觸到地面者。依高度不同可分為：低雲、中雲、高雲及直展雲等四種雲族。這些雲族會依所在緯度不同而有高度差異，尤以高雲更明顯。另外，如以型態而言，雲亦可分為卷雲、積雲與層雲等。

露

當環境溫度低於露點溫度但高於攝氏0度時，水氣會凝結成水滴並附著於地上物或植物上，便形成了露。

露點溫度

指的是在相同壓力、相同水氣含量的情況下，藉由絕熱冷卻讓空氣塊達到飽和時的溫度。一旦環境溫度低於露點溫度，就會有凝結現象。

雲海

指面積廣大的層狀雲頂端，若所在位置高於雲頂高度時（大約在海拔2,000公尺以上）即可看到雲海。

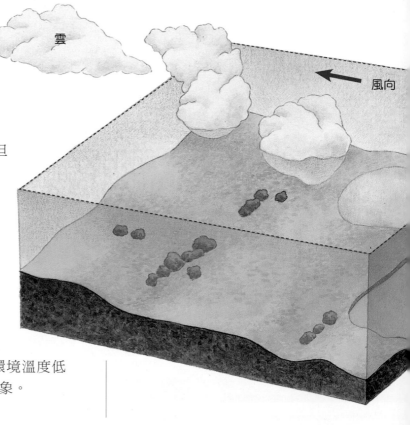

雲

風向

熱帶雲簇

指熱帶地區數個以上的積雨雲所組成的雲團。

凝結尾

飛行中的飛機引擎所排放出的熱氣與水氣,會與高空的冷空氣結合,產生水氣凝結的現象。

凝結高度

上升的空氣在高度逐漸上升、溫度相對下降時,因為絕熱冷卻作用,空氣中的水氣會達到飽和狀態,導致水氣開始凝結,在到達一定高度後便凝結成雲,這個高度便稱為凝結高度。

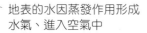

地表的水因蒸發作用形成水氣、進入空氣中

雪

當地面溫度在攝氏零度以下且高空水氣含量豐富時,水氣或水便容易凝結成透明固態的冰晶,一旦降落即稱為雪。

霜

當環境溫度低於露點溫度且低於攝氏0度時,空氣中的水氣會直接昇華成固態冰晶,並且附著於地上物或植物上,即形成霜。

霧

由懸浮於接近地面或水面上的、極細微且密集的小水滴所組成,且使水平能見度不及1公里者。因其成因可再細分為輻射霧、平流霧、升坡霧或蒸氣霧。

一般較常見的霧為輻射霧,當空氣中的水氣因輻射冷卻作用達到過飽和時便有機會形成,往往出現在晴朗、水氣較豐沛的夜間或清晨,一旦太陽升起、地面溫度上升,霧便立即蒸發消失,所以清晨的輻射霧往往代表當天會是晴朗的好天氣。當潮溼溫暖的空氣移往溫度較低的海面或陸地時,低層空氣中的水氣會凝結成霧,是為平流霧,例如冬末春初台灣西部沿海的霧;假若這些空氣沿著山坡而上,就有可能形成升坡霧,例如冬季台灣東北部丘陵的霧。反之,若是水面溫度較暖、上方的空氣較冷時,因為水氣上升至空氣中而凝結者,則稱為蒸氣霧。

靄

又稱為輕霧,指眾多懸浮於空氣的、細微而具吸溼性的小水滴所形成的現象,其水平能見度仍在1公里以上。

雲的種類

日暈

卷層雲

卷積雲

高積雲

高層雲

層雲

層積雲

卷雲

高雲

中雲

積雨雲

低雲

雨層雲

積雲

降雨

卷層雲與日暈

卷層雲

所在高度約為6,000到10,000公尺,為白色、具透光性纖維狀的均勻雲幕,可以掩蓋天空,但無法遮蔽日光,也無法於地面產生陰影,當卷層雲覆蓋於太陽前方時易產生日暈現象。

卷積雲

所在高度約為6,000到10,000公尺,為白色、類似穀粒或魚鱗狀、排列有序的小朵雲所構成,稍能阻擋陽光但無法於地面產生陰影。

高積雲

所在高度約為2,000至6,000公尺,為灰白色、片狀或滾筒狀的雲,通常排列有序、範圍較大,體積也較卷積雲大,可於地面產生陰影。天氣溫暖的上午如果出現高積雲,則當天傍晚極可能有雨。

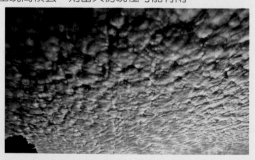

高層雲

高度在2,000至6,000公尺間,呈層狀、帶灰藍色,厚薄不定,厚者可遮蔽日光,薄者透光性如同毛玻璃。這種雲有降雨機會,而一旦降雨通常會長時間連續。

層雲

高度在2,000公尺以下,底部往往均勻如霧狀,在陽光照射下輪廓清晰可辨。這種雲常見於冬季山區,出現時通常會下毛毛雨。

積雨雲

濃厚、龐大的對流雲，常往垂直方向伸展且高聳如山嶽，頂端往往呈砧狀（稱為砧狀雲），深灰或黑色。這種雲會帶來大雷雨甚至冰雹。積雨雲頂端往往較為平坦，稱為砧狀雲。雲底呈深灰或黑色。

雨層雲

高度約在1,000公尺，雲層較厚也較廣，呈黑灰色。這類雲通常會造成降雨，但不至於出現打雷閃電。

層積雲

高度在1,000公尺以下，呈塊狀、片狀或層狀，這種雲出現時有降雨機會，但機率較小且雨量有限。在高山或高海拔所見雲海通常為層積雲。

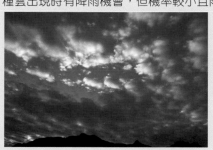

積雲

雲底在1,000公尺以下、孤立且垂直向上發展的濃密雲層，狀似棉花。底部平坦，為不透光的白色或深灰色，是夏天最常見的雲種。

卷雲

高度約在6,000至10,000公尺間，色白，外觀如羽毛般，呈細絲、纖維狀，無法造成陰影。當颱風接近時往往可觀察到卷雲出現在天空中。

降水

大氣中的水不管是液態（例如雨）或固態（例如雪、霰），只要降到地面都可以稱之為降水，常見者有雨、霧、霜、雪與冰雹等。

凝結核

大氣中的水氣在凝結成水、形成降雨時所附著的固態物，種類包括細微的沙塵、煙霧等自然物質，或工廠所排放的微小污染物。如果缺乏凝結核，即使水氣已達飽和狀態，仍無法降雨。

地形雨

富含水氣的潮溼空氣遇到前方地勢較高時，被迫向上方移動，在絕熱冷卻作用下，因溫度下降導致水氣成雲結霧，最終形成降水。例如蘭陽平原近山處的降雨。

★ 參見
氣候P64、氣團P70、颱風P204

降水與凝結核

水滴經由不斷地碰撞、結合，最後降至地面。

雲或潮溼的空氣遇山坡阻擋，在迎風面形成地形雨

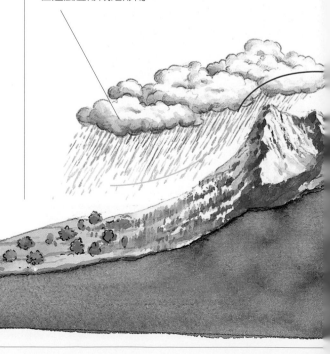

對流雨常伴隨著打雷閃電現象。

對流雨

受到太陽輻射加熱作用的影響，空氣產生旺盛的對流，暖溼的空氣被舉升，在絕熱冷卻過程下，使得溫度降至露點，水氣凝結成水滴落到地面，即為對流雨。夏季午後的陣雨是最常見的對流雨。

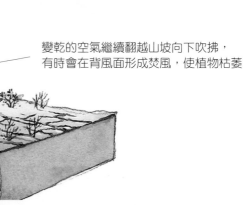

變乾的空氣繼續翻越山坡向下吹拂，有時會在背風面形成焚風，使植物枯萎

地理動畫　對流雨

▶ 夏季時，早上通常是萬里無雲的藍天，過了中午後，天空雲量開始慢慢增多，不一會兒忽然傾盆大雨，到了傍晚時分，雲霧又漸漸消散，這是我們常說的午後雷陣雨，或稱為西北雨。

▶ 這些垂直上升的氣流，到了一定高度後，空氣中的水氣因氣壓與溫度不斷降低，逐漸凝結成雲。

▶ 在積雨雲發展到很完整後，雲中開始出現閃電、打雷的情況，於是大雨忽然從雲中快速落下至地表，形成對流雨。

溫度升高

3

4

夏季中午過後，部分地表因不斷受到太陽強烈照射的影響，溫度上升比兩側的區域為快，由於溫度漸漸高於兩側地區，這裡的空氣受熱膨脹開始上升。

積雨雲

7

8

這些雲隨著持續上升的氣流也往上衝，形成所謂的積雨雲。

11

12

到了傍晚時分，雨的強度變小，積雨雲也逐漸消散，太陽慢慢從未完全散去的雲氣中露了出來，雨漸漸停止，天空放晴，又出現了萬里無雲的好天氣。

霧淞

雨淞

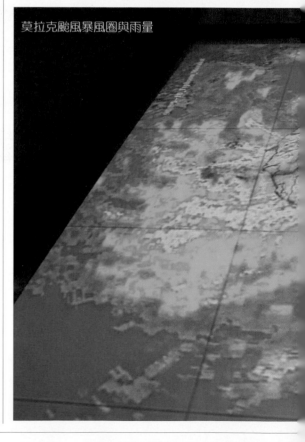

莫拉克颱風暴風圈與雨量

過冷卻水

存於於大氣中,已低於攝氏零度,但仍然呈液態、未結冰的水。當它形成雨滴,降落在攝氏零度以下的物體表面時,會凍結成光滑且透明的冰,稱為雨淞;若是隨風撞擊於物體表面並凍結,則會形成白色、不透明的霧淞。

人造雨

在富含水氣的空中撒入「雨種」——通常是碘化銀或乾冰;雨種會使空氣中的溫度

快速下降，讓過冷卻水凝結成水滴，有機會形成降雨。

颱風雨

颱風強烈的對流經常產生高達12,000公尺以上的積雨雲，形成暴雨，如莫拉克颱風引起的大雨。

冰雹

當積雨雲中對流極度旺盛時，空氣會隨著強烈氣流上升至高空，水氣因此凝結成冰並往下落，這些細小冰塊在墜落時會沾附水氣，並在落到一定高度後再度被氣流往上帶，使得沾附的水氣凍結在冰塊表面。這種過程會不斷循環，直到上升氣流或浮力無法再支撐小冰塊的重量；若這些小冰塊落到地面仍為固體狀態，便稱為冰雹。

鋒面雨

當冷暖氣團相遇並形成鋒面所帶來的降水稱為鋒面雨，例如來自北方冷鋒、在台灣北部冬季所形成的降水便屬於鋒面雨。

滯留鋒

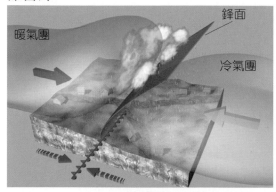

暖鋒

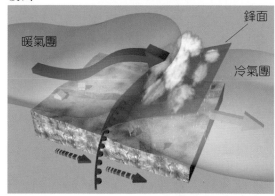

冷鋒

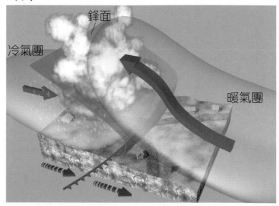

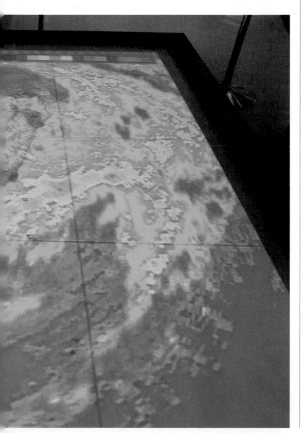

地理動畫 鋒面雨

鋒面雨

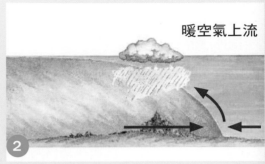

1 　冷空氣　　暖空氣

2 　暖空氣上流

臺灣地區冬季時氣象常受到鋒面的影響，會轉為濕冷的天氣型態。

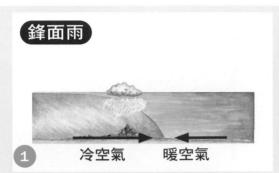

冷空氣　　　暖空氣

溫度低
密度大

溫度高
密度小

5

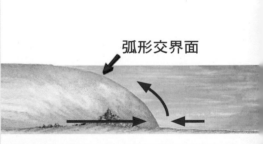

弧形交界面

冷空氣因溫度低密度較大，相反的暖空氣因溫度高，密度相對較小，當冷空氣持續向右移動遇上暖空氣，暖空氣受到冷空氣的推擠，於是沿著冷空氣的上緣爬升，形成了冷、暖空氣明顯的弧形交界面。

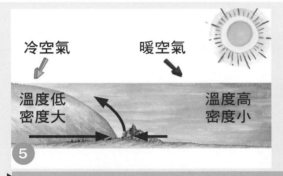

9

鋒面雨

此時雲霧開始增加，並產生降雨的情況，這就是我們所謂冷鋒的鋒面雨。

從畫面中看到，地表原先是一個暖空氣盤據的情況，這時的天氣通常較為溫暖晴朗。但是左側有一股冷空氣慢慢往右，向暖空氣盤據的地區移動。

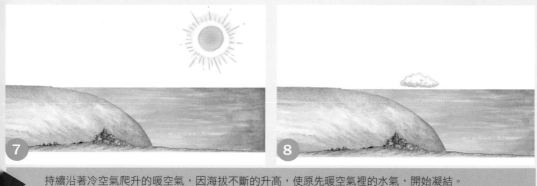

持續沿著冷空氣爬升的暖空氣，因海拔不斷的升高，使原先暖空氣裡的水氣，開始凝結。

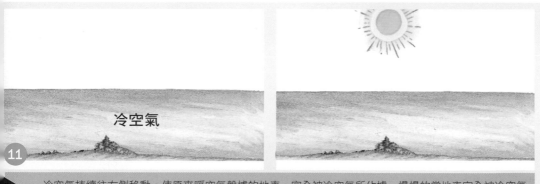

冷空氣持續往右側移動，使原來暖空氣盤據的地表，完全被冷空氣所佔據，慢慢的當地表完全被冷空氣盤據後，因沒有暖空氣的持續抬升帶來降雨，於是又轉為乾燥而晴朗的天氣型態。

海洋

「海」指水域面積較小、鹽度變化較大，無獨立洋流者，例如東海、南海。而水域面積廣大、鹽度大致一定並有獨立潮汐與洋流者稱為「洋」，例如太平洋、大西洋與印度洋。

波浪

風在水面吹拂，因摩擦而牽動水體進行圓周運動所造成的海水的起伏。

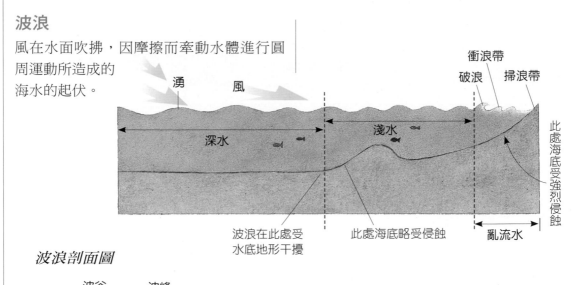

波浪剖面圖

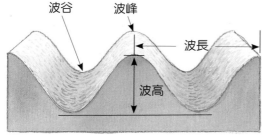

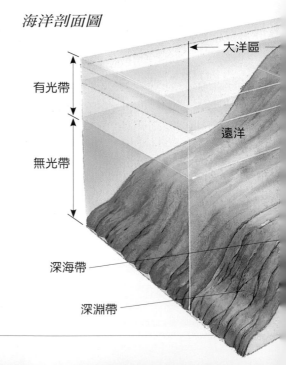

海洋剖面圖

海流

任一形式的海水流動均可稱為海流，舉凡洋流、湧升流、潮汐、波浪、海嘯等，皆屬海流。

暖流

水溫高於周圍海面溫度的洋流，通常會由低緯度往中高緯度移動。

海嘯

海嘯為波浪的一種,但波長較長,引發海嘯的原因大致有:海底地震、海底火山爆發及大規模的海底山崩等,其中海底地震為海嘯主因;發生於2004年、造成重大傷亡的南亞海嘯即為其一。

南亞大地震後各國受海嘯衝擊時間(數字單位:小時)

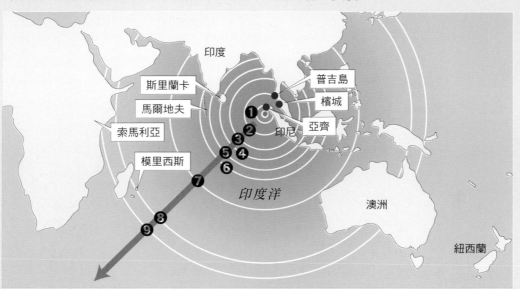

資料來源:香港教育城HKedCity-地理入門(www://ihouse.hkedcity.net)

潮間帶

近岸區

大陸棚

漸深帶

湧升流

指海水由海底往上湧升至表面的運動,風和海底地形是造成湧升流的主要原因。當風沿著海岸線平行吹拂時,因地球自轉所產生的偏向力會導致表層海水離岸而去,下層海水因此被往上遞補,便形成這種垂直向上的洋流。

親潮

由俄羅斯堪察加半島附近海域南下的一股寒冷洋流,它沿著日本千島群島向南流,在北海道附近與黑潮交會。

洋流

海洋表層的海水常年沿著固定的方向流動，稱為洋流。位於極區的洋流是由海水溫度與鹽度差異所造成，此外大部分都是因風力推動所引起的。在風力與科氏力影響下，北半球的洋流呈順時針方向流動，南半球則呈逆時針方向流動。

黑潮與北赤道暖流

北赤道暖流往北太平洋延伸後稱為黑潮，這股來自熱帶的海水經過台灣東部海岸後繼續北上，在北緯30度左右，因西風帶風力吹動漸漸轉朝東流去，在北美大陸西岸部分右轉流向赤道，匯入北赤道暖流，形成一大型環流。

★ 參見
氣候P64、海底地形P148

世界洋流示意圖 → 暖流　→ 寒流

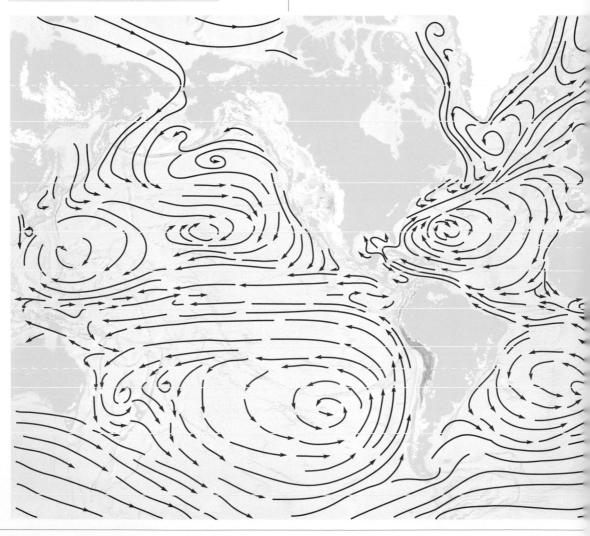

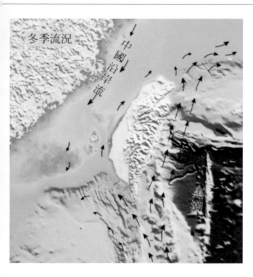

冬季流況

中國沿岸流

科氏力

地球自轉時所產生的偏向力。物體在北半球運動時，因受科氏力影響，會朝前進的右方偏移、在南半球則往左偏；當速度相同時，緯度越高、物體受科氏力的影響越大。

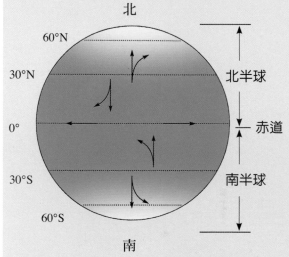

北

60°N

30°N

0°

30°S

60°S

南

北半球

赤道

南半球

火箭自地表升空後，其行進方向會受科氏力影響而偏移

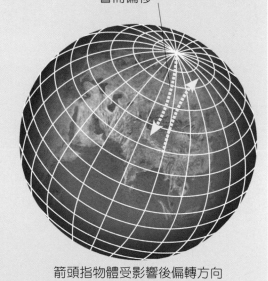

箭頭指物體受影響後偏轉方向

台灣附近的海流

台灣附近的表層洋流

● 圖中箭頭表示流向，線的長短代表
　流速快慢

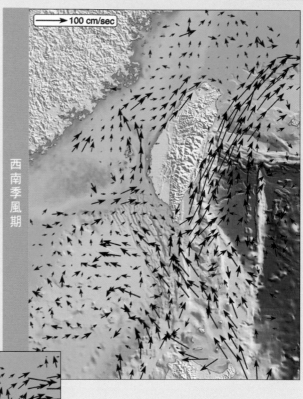

西南季風期

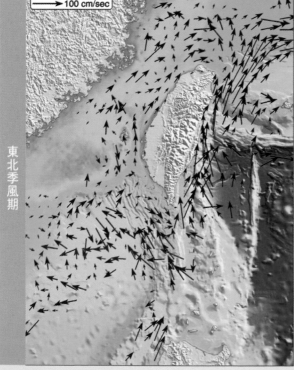

東北季風期

台灣海峽的洋流變化

春

東北季風

大陸沿岸流

黑潮分支流

夏

底層流

西南風

南海表層流

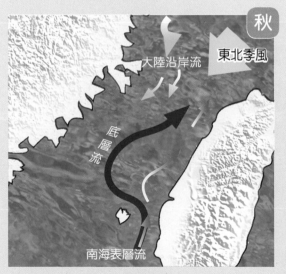

秋

大陸沿岸流

東北季風

底層流

南海表層流

冬

東北季風

大陸沿岸流

黑潮分支流

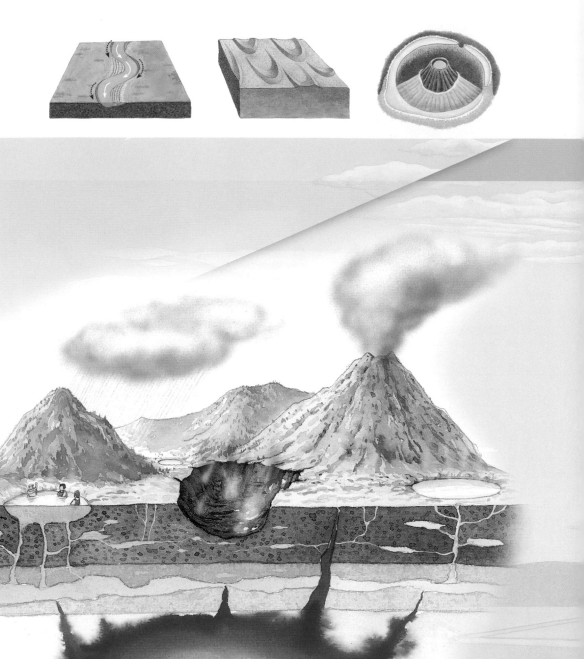

2 地質作用與地形

Geologic process and topography

地質作用

組成地殼的物質無時無刻都在變化及運動，地殼的表面形貌及其內部構造也在不斷地變化，有些很容易便可觀察到（例如火山、地震），有些卻不易察覺。這些引起地殼的物質組成、內部架構以及地表形態發生變化的各種作用，稱為地質作用。

營力

改變地表形態的力量和作用，包括由地球內部發動的內營力，例如火山活動；以及源自地球外部的外營力，主要為由太陽能所驅動的風、水、冰河等營力。

山地

通常指海拔超過1,000公尺，或相對高度超過500公尺的突起地形。長條狀排列的稱為山脈，例如中央山脈。山群相連者稱為山系，例如崑崙山系。山系或山脈群聚如結者稱為山結，例如帕米爾山結。

內營力

能量來自地球內部熱力的作用，範圍通常遍及岩石圈，主要包括板塊活動與火山活動；目前地球表面大陸與海洋分布的狀態，便是板塊活動的結果，許多高大的山脈、深邃的海溝也與活躍的板塊運動有關。

高原

與平原相似，但海拔高度較高者。例如青藏高原。

盆地

四周有山地、丘陵環繞且中間有廣大低平地面者，例如台北盆地、塔里木盆地。

丘陵

高度較小、坡度較緩的突起地形。

外營力

主要指由日、月所引發的潮汐現象，以及太陽輻射驅動空氣、水等介質產生運動與循環，對地表的組成物質和形態所進行的各種風化、侵蝕、崩壞和堆積作用。

與內營力相比，外營力所影響的範圍較小，主要在地球表面，包括風化、侵蝕、搬運及沈積作用，以及生物活動所帶來的影響等。

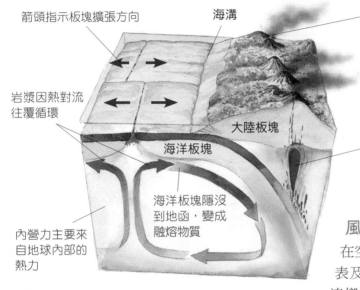

箭頭指示板塊擴張方向

海溝

噴出地表的岩漿形成火山

岩漿因熱對流往覆循環

大陸板塊

海洋板塊

岩漿順著地殼裂隙往上升

海洋板塊隱沒到地函，變成融熔物質

內營力主要來自地球內部的熱力

風化

在空氣、水或生物的影響下，地表及淺層岩石崩解成可被風或水流搬運的疏鬆物質，或岩石發生化學作用、成分改變的現象。

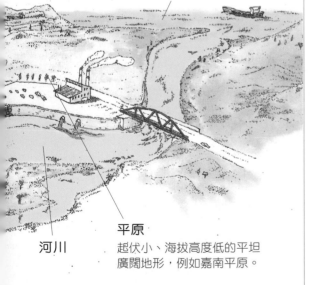

海洋

河川

平原
起伏小、海拔高度低的平坦廣闊地形，例如嘉南平原。

侵蝕

指風、水或冰河等將地表物質（土壤或岩石等）搬離原地、造成地貌改變的過程。

堆積（沈積）

受風、水或冰川所搬運的物質，或崩壞作用而滾動的岩石碎屑，因移動的能量減弱而逐漸滯留的過程；此外，溶解在水體中的物質也可能因化學性沈澱而產生堆積現象。

★★★★ 參見

日月地相對運動P16、板塊P28、斷層P34、風化作用P104、風成地形P106

火山

海洋板塊與大陸板塊發生碰撞時，較重的海洋板塊會擠入大陸板塊之下，在接近地函處被地心的高溫熔融，這些位於地底深處的高溫岩漿，若穿過岩石裂隙上升至地表噴發，就形成了火山。

火山作用

地球內部因高溫融熔的岩漿及水氣，沿著地殼薄弱處侵入岩層或噴出地表的活動稱為火山作用。一般認為火山作用與板塊運動密切相關。

噴氣孔

在火山地帶，以噴出氣體（而非熔岩）的地面小孔。

火山口

火山噴出的頂端常形成圓形、漏斗狀窪地，稱為火山口，若是火山口內積水成湖，則為火口湖。如大屯火山群上的向天池。

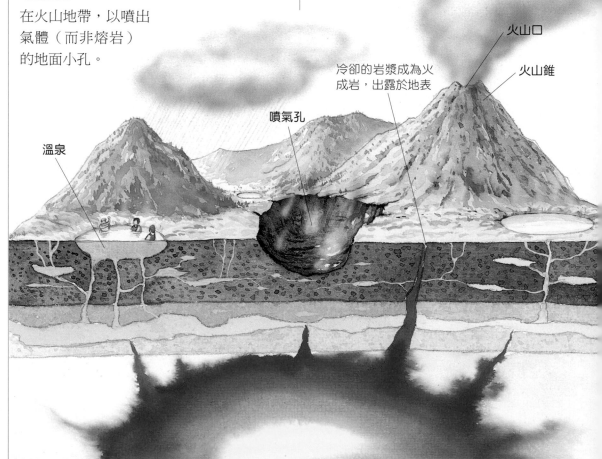

溫泉

噴氣孔

冷卻的岩漿成為火成岩，出露於地表

火山口

火山錐

地質作用與地形

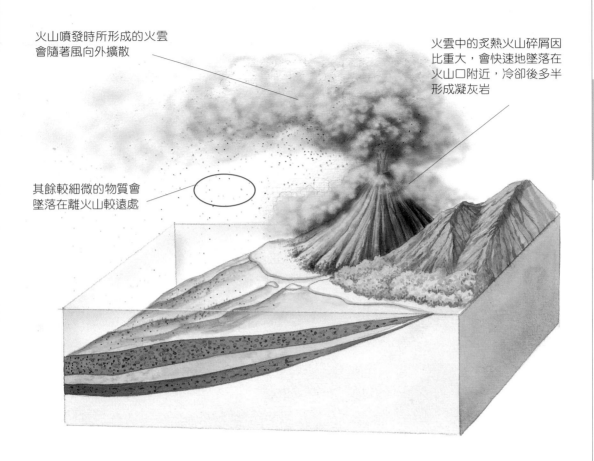

火山噴發時所形成的火雲會隨著風向外擴散

其餘較細微的物質會墜落在離火山較遠處

火雲中的炙熱火山碎屑因比重大，會快速地墜落在火山口附近，冷卻後多半形成凝灰岩

溫泉

溫度超過人類體溫，或是比空氣的平均溫度高的泉水。各地溫泉水溫差異甚大，自攝氏30、40度到接近沸點都有，大部分都出現在有火山作用的地區。

火雲

火山猛爆發時，大量的氣體和塵屑瞬間往上空噴出所形成的高溫、蕈狀雲朵。
火雲高度可達數千公尺，溫度往往在攝氏百度以上，因比重大，通常會快速地在火山口附近下墜，造成生物死亡。

火環

原名為「環太平洋地震帶」，全世界約有80％的地震出現在火環中。它的範圍自南美安地斯山脈南端經中南美洲西岸到北美洲，再經阿拉斯加、阿留申、千島群島、日本、琉球，一路往南延伸到台灣、菲律賓、印尼及紐西蘭，因為環繞太平洋一周，又剛好是火山分布的地帶，所以稱為火環。

參見
板塊P28、地震P206

火山地形

熔岩由火山口流出後，可因其組成形成分為三類：盾狀火山、錐狀火山及複成火山。

錐狀火山

坡度較陡（平均在30度左右），火山體較小，例如陽明山國家公園的紗帽山。

盾狀火山

坡度平緩（通常小於10度）、火山體較大，例如夏威夷的火山。

複成火山

特徵是上部坡度較陡，下部坡度較緩，成因是火山交替噴出熔岩流與火山碎屑，形成互層所致，又因層理發達，也稱為層狀火山。如日本的富士山。

火山碎屑物

火山噴發時所挾帶的高壓、高熱蒸氣，將熔岩及火山口周圍的岩石炸裂成大小不一的物質，其中包括火山彈、火山礫、火山灰等。

夏威夷的火山島鏈

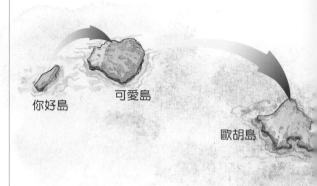

你好島　可愛島　歐胡島

間歇泉

在岩漿活動地區，因地下水流通管道有隘口，當水受熱、壓力逐漸升高直到超過臨界點，便會衝出隘口，此時熱水因壓力減少，會立時汽化衝出地表形成為時短暫的噴泉，之後地下水再度流入原本的空隙，直到下一次噴發；這種噴泉便稱為間歇泉，最出名者為美國黃石公園的「老忠實」噴泉。

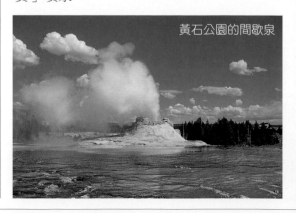

黃石公園的間歇泉

地質作用與地形

火山島鏈

在熱點上方所形成的火山會因板塊擴張而往某一方向移動，原本的火山尖露出海面成為島嶼，但因板塊不斷擴張，在一系列的火山噴發與板塊擴張後，會形成一連串的火山島嶼。最著名者為夏威夷群島，如今大島上仍有活火山「哈魯毛巫毛巫」。

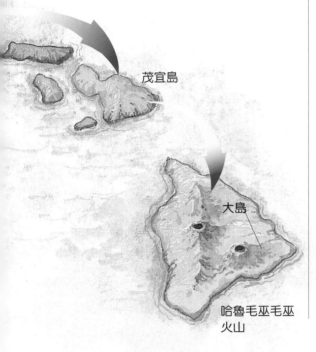

茂宜島

大島

哈魯毛巫毛巫
火山

泥火山

地底下蘊藏的天然氣與地下水、泥沙混合後，噴出地表所形成的小型錐狀地形。台灣最著名的泥火山在高雄縣燕巢鄉的烏山頂。

熱點

在板塊運動中，來自地函的熱液岩漿到達岩石圈底部，將岩石圈向上拱起，岩漿自此衝破地殼、造成火山作用，此拱起處的中心點便是熱點。

原本在熱點上方的海底火山，若突出於海平面，會因侵蝕作用而逐漸降低高度

原本在熱點上方的海底火山因板塊擴張而遠離，山尖若露出海面便成為海島

新生成的海底火山

熱點
熱點所在處有岩漿不斷往上噴發，形成海底火山

中洋脊
（板塊張裂處）

海平面

板塊移動方向

火山的噴發類型

火山依爆發威力分為六種,威力最小的是以熔岩流噴出為主的夏威夷式,其次分別為斯沖波利式、伏爾坎寧式、維蘇威式、培雷式,最強的是普林尼式,其噴發高度在20公里以上,最高可達55公里。

夏威夷式

斯沖波利式
噴發高度約數百公尺

伏爾坎寧式
噴發高度約1公里

地質作用與地形

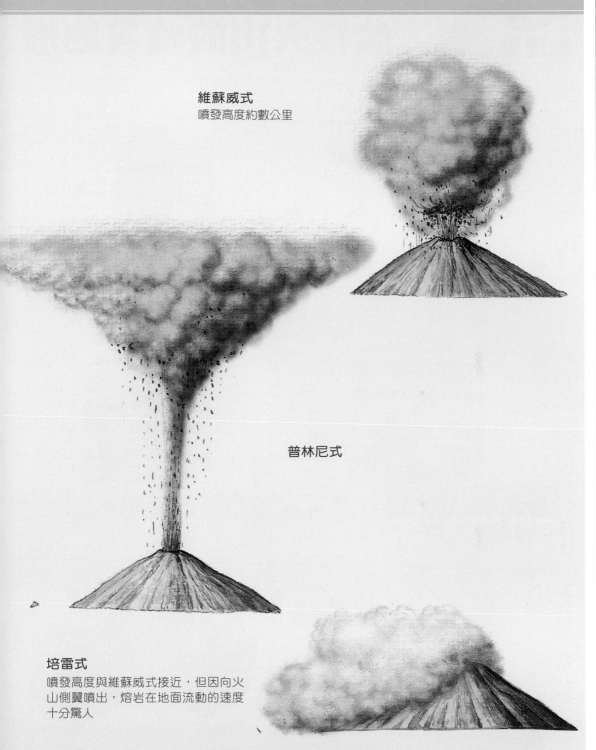

維蘇威式
噴發高度約數公里

普林尼式

培雷式
噴發高度與維蘇威式接近，但因向火
山側翼噴出，熔岩在地面流動的速度
十分驚人

 **酸性火山的噴發地形**

1

二氧化矽

2

火山地形有不同樣貌，火山的噴發特性與外貌，和火山本身的化學成分有很大的關係。像台灣北部的七星山是錐狀的火山地形。七星山火山地下的岩漿所含的二氧化矽成分較高，是屬於中性或酸性的火山。

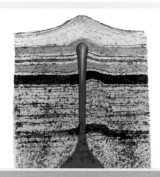

岩脈

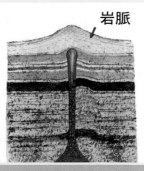

6

當岩漿庫開始向外與向上膨脹、擴張，上方地表因為地底的岩漿活動，被擠成向上突起的山丘地形，並且有些岩漿沿著裂隙，往上延伸到山丘頂部接近地表，形成岩脈。

流出的岩漿
與碎屑堆積

9

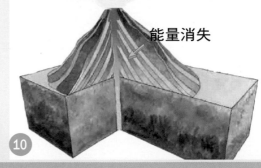

能量消失

10

經過多次間歇性的火山噴發作用，岩漿與碎屑使得地表土層增厚，火山錐不斷的長高，最後形成高大的火山錐外貌。當地底岩漿庫的能量逐漸消失，地表的火山也就不再噴發。

地質作用與地形

岩漿

3

4

▶ 一般而言，岩漿所含的二氧化矽較高，它的黏稠度會比較大，不容易一下就噴出地表形成火山。這種火山會慢慢累積更多的能量，岩漿活動力量也會愈來愈大。

7

岩漿流出

8

▶ 當地底下的能量大到上面地層無法支撐時，岩漿就會沿著山丘的裂隙噴出地表，並將山丘頂部炸開形成一個岩漿出口的火山口地貌。

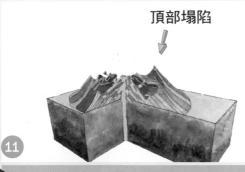
頂部塌陷

11

12

▶ 若是火山噴發規模過大，地底下的岩漿庫就會形成中空的狀態，造成頂部的火山錐大規模的塌陷，形成破火口。若是火山口有大量積水，就會形成美麗的火口湖，例如美國奧勒岡火口湖。

 **基性火山的噴發地形**

黏稠度低

①

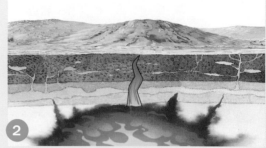

②

▶ 有些火山的地形比較平緩，它岩層底下的岩漿庫所含的二氧化矽含量較低，岩漿的黏稠度也比較低，當火山的地表出現裂隙時，岩漿容易快速的沿著裂隙噴出，這種火山我們稱為基性火山。

堆積作用

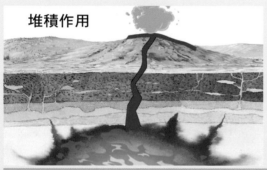

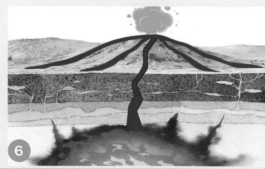

⑥

▶ 基性火山的岩漿沿著裂隙或斷層向上湧出地表時，會快速的向四周流動。

⑨

平坦熔岩臺

⑩

▶ 經由多次的基性岩漿的噴發活動與堆積作用後，最後地表將會形成廣大的平坦熔岩台地或高原。

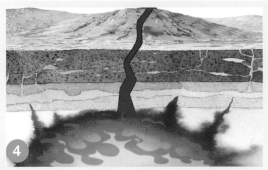

▶ 基性火山的岩漿黏稠度低，當岩漿庫頂部岩層產生裂隙或斷層時，因為岩漿在地底的時間不夠久，岩漿活動力量不足，無法將四周岩層炸開成明顯的火山口。

堆積作用

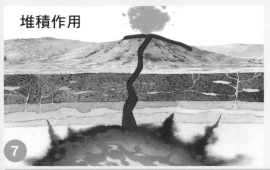

平坦地表

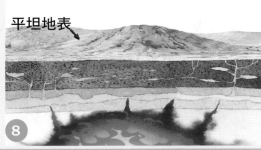

▶ 基性火山向四周流動的岩漿凝固後，便形成大範圍的平坦地表。

盾狀火山

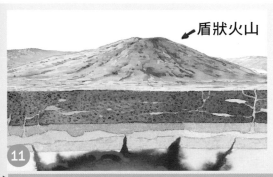

▶ 這種火山即使有火山外型，但是都會呈現平緩且底部廣大的盾狀火山，而不是堆積成高大的火山錐地形。

風化作用

在空氣、水或生物的影響下，地表及淺層岩石發生了物理性結構的改變，或發生化學作用，使其成分改變的現象。而被分解的岩石在風或水的帶動下，會離開原本所在地，導致地貌改觀。

風化作用

可分為物理風化及化學風化。

物理風化又稱機械性風化。指岩石因壓力或溫度的增高或降低，產生物理結構的變化（例如岩石由大變小乃至崩解），但其化學成分並未改變。

化學風化則指岩石或礦物因受雨水及氣候等影響，產生化學性質的變化。

蜂窩岩與風化窗

岩石因組成礦物性質的差異，在風化過程中出現了程度不等的磨蝕作用，形成如蜂窩狀的凹陷；單一凹陷面積較大者稱為風化窗，較小者稱為蜂窩岩。

蜂窩岩
（東北角的萊萊）

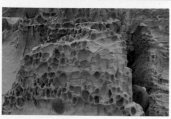

風化窗
（基隆和平島）

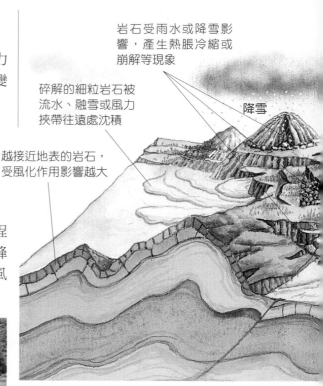

岩石受雨水或降雪影響，產生熱脹冷縮或崩解等現象

碎解的細粒岩石被流水、融雪或風力挾帶往遠處沈積

越接近地表的岩石，受風化作用影響越大

降雪

蕈狀岩

因受風侵蝕，形成上粗下細的蕈狀岩體。風會帶動土沙，越靠近地面土沙越多，因為在對迎風面的岩石產生磨蝕作用時，接近地面的岩體受損較重，受侵蝕的時間越長，上粗下細的狀況越明顯。野柳的女王頭即為蕈狀岩。

棋盤石與豆腐岩

當岩體具有兩組接近相互垂直解理時，由於節理處較易受風化及侵蝕作用而出現凹痕，久而久之岩體便呈方塊狀，稱為棋盤石；若節理繼續擴大，岩層被切成獨立而整齊排列的岩塊，便稱為豆腐岩。

豆腐岩（和平島）

降雨

棋盤石（鼻頭角）

洋蔥狀風化

岩質較為均勻的岩體，因為熱脹冷縮等壓力的影響，產生同心圓狀的破裂面，並如同洋蔥般的層狀剝離時，稱為洋蔥狀風化。

鱗剝穹丘

山丘頂部因同心圓狀或洋蔥狀的鱗剝作用，成為圓渾狀。

球狀風化

受風化作用的岩體，順著節理或層面等不連續面進行化學性風化，由於兩相交、不連續面交界處的岩石稜角同時受到兩方向的風化作用，因此風化崩解速度較快，形成圓渾外觀。

細頸形（圖左）與粗頸形（圖右）蕈狀岩

風成地形

在空氣、水和生物的影響下，岩石崩解成可被搬運的疏鬆物質，風吹動時會挾帶這些物質，一旦風停或風力減弱，塵埃和細沙便會落在地表，這種現象稱為風成堆積，所形成的地表樣貌則稱為風成地形。

風蝕窪地

乾燥地區因缺乏植生披覆，風終年吹蝕地表土石所形成的圓形或橢圓形窪地；常見於沙丘地或裸露的泥沼土。

礫漠

原本布滿岩石碎塊的乾燥地區，因風將較細的沙土吹蝕殆盡，僅留下較大的礫石。又稱為礫漠或岩漠。

風稜石

岩石表面若長期受風，會因磨蝕作用而變得光滑。若風向會因季節而改變，則光滑面可能有兩面以上，且在交界處形成稜角；這種多稜角的岩石稱為風稜石。台北縣石門鄉的海邊便有許多風稜石。

黃土

岩石在沙漠或冰緣區進行機械性風化所產生的細粒土沙，被風力搬運到他處沈積的土層；黃土通常分布在大陸的半乾燥區及其鄰近地帶，因其富含石灰質，可形成肥沃土壤。如中國華北的黃土高原。

參見
★ 風化作用P122

富貴角的風稜石

台灣風稜石分布圖

北

●台北縣石門

新竹市南寮 ●

苗栗縣白沙屯 ●

澎湖群島

 風蝕地形

風蝕地形

1

風的侵蝕作用

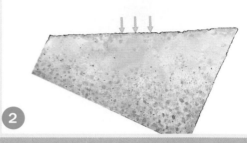

2

▶ 風蝕地形，是指風的侵蝕作用所形成的地形景觀，主要出現在乾燥氣候區，或濕潤氣候、地表沒有植被覆蓋的地區。乾燥地區裡，地表通常缺乏植被覆蓋，形成大片岩層裸露的景觀。

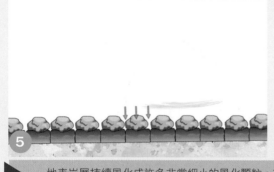

5

風化顆粒

母岩

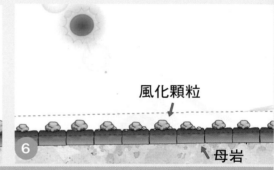

6

▶ 地表岩層持續風化成許多非常細小的風化顆粒。有的因地層表面的風化作用，將原先接近地表最上層的母岩，不斷風化成非常細小的岩石顆粒。

母岩
↓

9

岩漠

10

▶ 當地表因地層表面的風化作用，將原先接近地表最上層的母岩，不斷風化成非常細小的岩石顆粒。這些細粒岩石都被強風搬運作用帶走後，地表只留下未被風化的母岩時，這種景觀稱為岩漠。

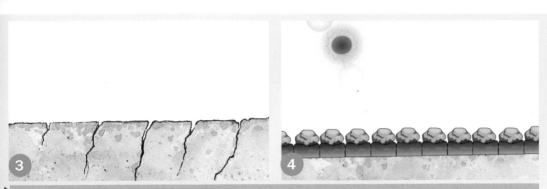

乾燥地區裡，白天經常高溫、日曬強烈，偶爾大雨急下，卻又極為短暫，在沒雨的時候，則強風不斷吹拂著地表。地表岩層經常在風吹、日曬的環境下，部分地區的岩層，會逐漸風化成細小的岩石碎塊。

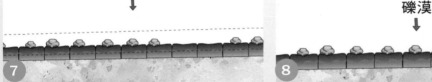

只留下地表未被完全風化的較大石塊

礫漠

當地表的風力逐漸轉強，會將細小的風化顆粒全部搬運帶走，只留下地表未被完全風化的較大石塊，這種地表景觀稱為礫漠。

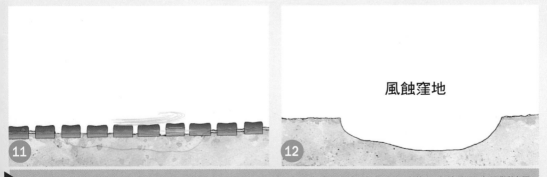

風蝕窪地

風化與風的搬運作用不斷持續地進行，使地表岩石被風化成細顆粒的岩塊，這些細小的岩石也不斷被風帶走，於是地表愈來愈低窪，形成因風的吹蝕作用所產生的窪地地形，稱為風蝕窪地。

常見的沙丘種類

拋物線沙丘

迎風側較平緩、背風側較陡的獨立低矮沙丘，
兩側尖端與風向相對。
通常是沙層固結後，才因風吹蝕成拋物線狀。

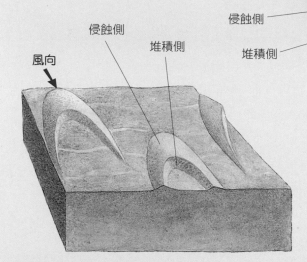

新月丘

狀如新月，外形與拋物線沙丘相似，但方向相
反，新月丘的兩側尖端指朝風向。
通常出現在風速中等、沙源有限的沙漠地帶，
迎風側的沙礫會順風越過沙丘後掉落堆積，
不斷受風吹的結果是沙丘逐漸往下風處移動；
一旦沙源增加、沙丘量變多，
就可能彼此相連形成橫沙丘。

圖片來源：NASA Earth Observatory

圖片來源：NASA Earth Observatory

橫沙丘

與風向垂直的長形沙丘，狀似海中波浪，通常出現在沙源多、風速較強的沙漠地帶。

風向

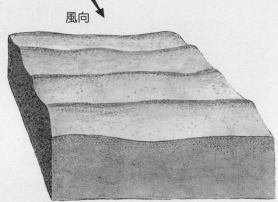

風向

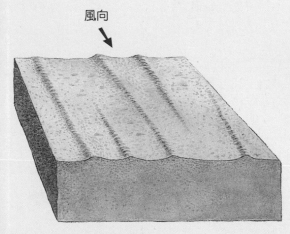

縱沙丘

沙丘走向與風向平行者。大多出現在風速強、沙源中等的沙漠地帶。

風向

風向

風向

風向

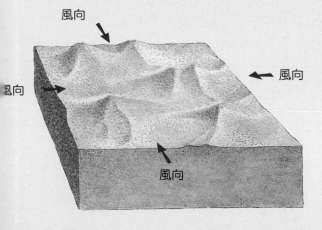

星狀丘

孤立的沙丘因受不定方向的風吹襲，形成放射狀沙脊，常見於北非和阿拉伯半島的沙漠中。

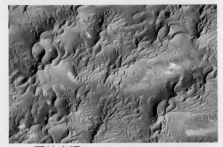

圖片來源：NASA Earth Observatory

風積地形

1

2

乾燥的大地

風積地形，是指因為風的堆積作用，所形成的地形景觀。通常風積地形的環境裡，是一片乾燥的大地，地表有裸露岩層的分布，也有部分地區為礫石分布的景觀，

5

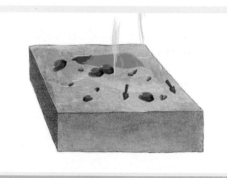

6

這些攜帶細顆粒沙石的風，若受到地表障礙物的阻擋，會將攜帶的沙石堆積在突出物的後方，在此處堆積的沙，因持續的堆積作用，使沙丘規模愈來愈大，最後擴大成大範圍的沙丘地形。

9

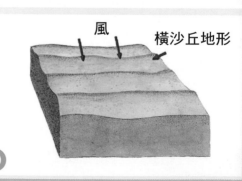

10

風　橫沙丘地形

在風力較微弱的地區，許多新月丘會相互連結，形成與風向垂直的橫沙丘地形。

地質作用與地形

3

4

地表有裸露岩層的分布，也有部分地區為礫石分布的景觀，不斷吹拂的強風，攜帶著極細小顆粒的沙石，吹向較遠的下風處。

新月丘

7

8

在擴大的過程中，沙丘的堆積會超過原先障礙物兩側的邊緣，於是風會將障礙物以外的砂，往下風處搬運，形成新月形的沙丘景觀，稱為新月丘。例如中國敦煌鳴沙山

縱沙丘地形

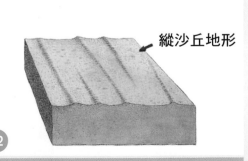

11

12

當風力轉強後，橫沙丘因風力不斷增強，使得橫沙丘被吹斷，這些被強風吹斷的沙粒，會被帶往下風處堆積，而形成與風向平行的縱沙丘地形。

河流作用

河水在流動過程中，一方面侵蝕地表，同時也將侵蝕下來的物質搬到他處堆積，這些侵蝕、搬運和堆積的過程便稱為河流作用。

河流級數

河流水系中各河段的分類。根據地理學家 Strahler 的定義，河流最源頭處為一級河，兩條一級河匯流後形成二級河，兩條二級河匯流後形成三級河，依此類推；但二級河與一級匯流後，仍屬二級河，其餘亦同。河川最下游處除擁有最大流量，也成為該流域中級數最高的河川，並且以其為該流河的河流級數。

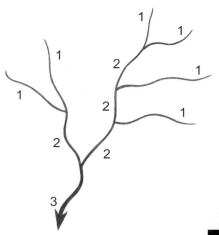

搬運作用

河水攜帶泥沙並推動河床礫石的作用，稱為河流的搬運作用，方式包括：推移、躍移及懸移，這些作用均受河水流速、岩石大小的影響。

河流侵蝕

河水對地表的侵蝕方式分為水力侵蝕、磨蝕及溶蝕三種。

水力侵蝕指河水滲入河道，造成岩石鬆動、隨流而下。流速越快，水力侵蝕的效果越顯著。

若河水挾帶沙石對河道進行摩擦，造成岩石鬆動、出現各種凹陷，即為磨蝕。

河道所含的可溶性礦物，在水流沖刷下會被帶走，形成孔洞，則為溶蝕。

河流侵蝕的三種形態

河水侵蝕河道，使得河床變深的作用稱為下切，使河道變寬的作用稱為側蝕。若河流最源頭處同時下切與側蝕，使得地表坡度變陡、河谷往上游逐漸增長時，則稱為向源侵蝕。

大甲溪中被河水搬運作用帶往下游的巨大石塊。

侵蝕輪迴

由美國地理學者 Davis 在19世紀末所提出的理論，他認為地形的演育會循著原始地形、幼年期、壯年期直到老年期，然後因侵蝕基準面下降，再度回到幼年期；此一循環便稱為侵蝕輪迴（或地形循環）。

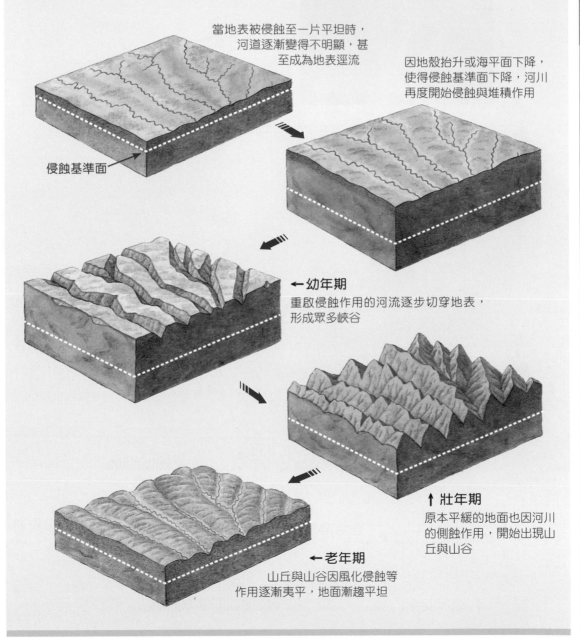

當地表被侵蝕至一片平坦時，河道逐漸變得不明顯，甚至成為地表逕流

因地殼抬升或海平面下降，使得侵蝕基準面下降，河川再度開始侵蝕與堆積作用

侵蝕基準面

← 幼年期
重啟侵蝕作用的河流逐步切穿地表，形成眾多峽谷

↑ 壯年期
原本平緩的地面也因河川的側蝕作用，開始出現山丘與山谷

← 老年期
山丘與山谷因風化侵蝕等作用逐漸夷平，地面漸趨平坦

地理動畫 瀑布、急流的成因與地形

1

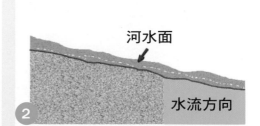

河水面

2 水流方向

> 瀑布常出現於上下游河床的岩層性質不相同的地區。

河床升高

河床底部的硬岩

5

下切侵蝕

河床底部的硬岩

> 當地層不斷抬升，使得河床升高，促使河流開始產生下切的侵蝕力量。

急流落差

9 河床底部的硬岩

瀑布景觀

10 河床底部的硬岩

> 因為河流在軟硬岩上的差異侵蝕不斷擴大，使得急流的落差愈來愈大，最後形成現今我們所看到的瀑布景觀。

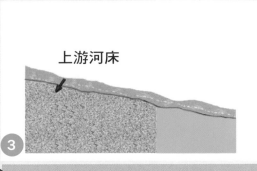

上游河床

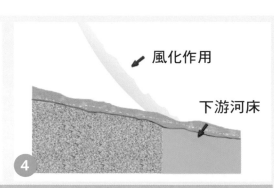

風化作用

下游河床

上游河床的岩層較為堅硬，抵抗風化、侵蝕能力相對較強。瀑布下游河床的岩層較為鬆軟，抵抗風化、侵蝕能力相對較弱。

③ ④

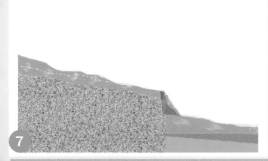

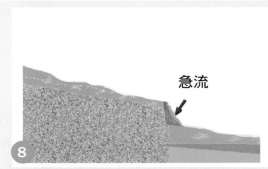

急流

河水流經不同硬度的河床，產生向下侵蝕速率不同的情況也就愈來愈明顯，並且產生急流。

⑦ ⑧

堅硬岩層

主流

支流

除了因軟硬岩上的差異傾蝕所形成的瀑布，另外有些地區河流的主流與支流交會處，因為主流與支流的水量不同，造成的向下侵蝕的力量也不一樣，慢慢形成落差愈來愈大、支流高懸於主流的瀑布景觀。

⑪ ⑫

侵蝕基準面

河流所能侵蝕地表的最低高度，一般以海平面為準；但注入湖泊或水庫者，則以這些水體的水面為暫時侵蝕基準面。

回春作用

因侵蝕基準面改變或氣候變遷，導致河川下切侵蝕力增強的現象。通常會伴隨著出現河階、切鑿曲流等地形。

河川襲奪

當分水嶺一側的河川因為侵蝕作用較強（或因坡度較陡，或因流量較大），會導致分水嶺往侵蝕力較弱的一側後退、甚至切穿分水嶺，將另一側河流的上游水源強奪過來，便稱為河川襲奪。

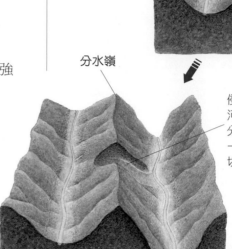

分水嶺

河水的側蝕作用使得山坡逐漸崩塌

分水嶺

侵蝕作用較強的河川支流會使得分水嶺逐步往另一側後退，直到切穿分水嶺

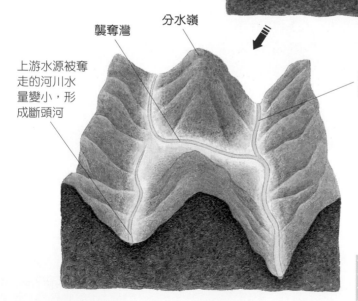

襲奪灣　分水嶺

上游水源被奪走的河川水量變小，形成斷頭河

襲奪相鄰河川水源者水量變大，稱為搶水河

★★★ 參見
　河流地形P140
水文P78、河流地形P140

河流的五種平面型態

河流主要的地形作用可分為侵蝕作用、搬運作用及堆積作用，河床在這些作用的影響下，可分成五種平面型態。

直流型（常見於上游地區）

彎流型（常見於上、中游地區）

曲流型（常見於中游地區）

網流型（常見於平原地區）

交織型（常見於河口地區）

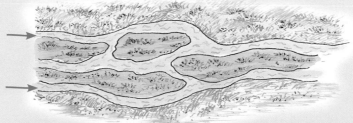

註：→ 表水流方向

 搶水地形

搶水地形

① ②

分水嶺

有些河流經過不斷的侵蝕作用，會將其它河流的河道，搶過來作為自己河道的一部分，這種河流作用所形成的地形，稱為搶水地形。

向源侵蝕作用

向源侵蝕作用

⑤ ⑥

由於河流源頭有不斷向發源地侵蝕的現象，使低位河的支流，在經年累月的向源侵蝕作用下，最後切穿兩條河流間的分水嶺。

改向河

斷頭河

⑨

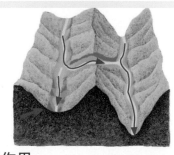

⑩ 堆積作用

高位河上游的河水在流至低位河支流的交會點時，轉往海拔較低的支流流去，形成改向河。原先高位河的下游，因上游河水被低位河搶走，使流量大為減少，開始出現旺盛的堆積作用。

地質作用與地形

高位河

低位河

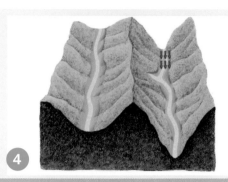

③　④

▶ 兩條海拔高度不同的河流，海拔較高的稱為高位河，海拔較低的稱為低位河。低位河有一支流。

向源侵蝕作用

⑦　⑧

▶ 切穿兩條河流間分水嶺的支流，與高位河發生連結；這時，高位河上游的河水，因水往低處流的原理，在流至低位河支流的交會點時，轉往海拔較低的支流流去。

下切作用

峽谷地形

⑪　⑫

▶ 而原先侵蝕切穿山脈的支流，因高位河上游河水的補注，河水水量大為增加，加強了河流的下切作用，使該河段的河谷變得更深，而形成新的峽谷地形。

河流地形

河流的水力沖刷及其挾帶的泥沙會對地表產生侵蝕或堆積作用，這些作用所形塑出的地貌便統稱為河流地形。

曲流

河道因受程度不等的侵蝕作用或硬岩影響，導致河流開始左右擺動、流路彎曲，稱為曲流。

一旦曲流成形，河水的沖刷會讓彎曲河道的外側日益後退，而內側則因堆積作用出現沙洲，形同前移，使曲流的弧度更加明顯，且各河灣會逐漸往下游移動。

滑走坡向河道中心移動，河床出現沙洲

彎曲的河道使水流正面沖刷切割坡的位置，河灣逐漸往下游移動

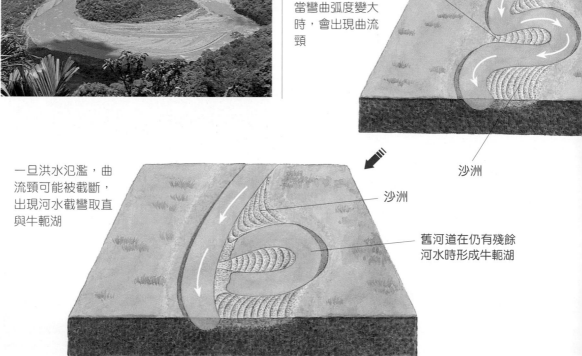

當彎曲弧度變大時，會出現曲流頸

曲流頸　　　　　沙洲

沙洲

一旦洪水氾濫，曲流頸可能被截斷，出現河水截彎取直與牛軛湖

沙洲

舊河道在仍有殘餘河水時形成牛軛湖

曲流的發展

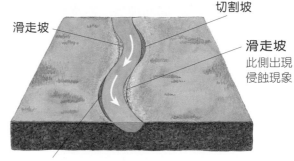

河流受地形影響，開始左右擺動，
河道因水流沖刷力道差異，
呈現一側堆積、一側侵蝕現象

切割坡

滑走坡

滑走坡
此側出現
侵蝕現象

切割坡
此側出現堆積現象

切割坡向河道外側不斷侵蝕，
河流彎曲弧度變大

河灣循箭頭方向朝下游移動

沙洲

牛軛湖

曲流截彎取直後，舊有的弦月形河道若仍
有河水殘留便稱為牛軛湖。

河曲沙洲

河水攜帶坋沙、沙粒和礫石，在曲流河灣
的內側堆積出的形似沙灘的地形。

V形谷

河流上游地帶，山地的邊坡受河水侵蝕，
擴大加深，形成中央低陷、兩側陡峻的狹
長地形，稱為V形谷。

峽谷

當地表因內營力作用抬升時，流經硬岩地
區的河水會持續往下切鑿，形成兩側陡
峭、既窄且深的河谷，即為峽谷。例如花
蓮太魯閣的峽谷。

花蓮太魯閣峽谷

潭瀨系列

一連串的沙洲與深潭相間的地形。河水在流經沙洲時速度較快、在經過深潭時則流速下降,因為沙洲的分布會使河道略微彎曲,有時會因此形成曲流。

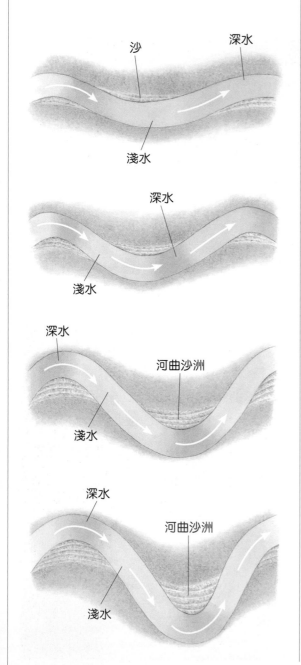

河階

緊鄰河谷的平坦高地,通常上覆薄層礫石或沖積層。前方則為鄰河面有陡降崖坡,另一側則銜接山嶺或另一層河階的陡壁。

台中德基水庫內的河階台地

沖積扇

河水流出狹窄山谷、進入寬廣平坦的地面時,因為河道坡度變緩、流速下降,無法繼續挾帶沙石,形成由谷口向外的扇狀堆積地形。

沖積扇示意圖

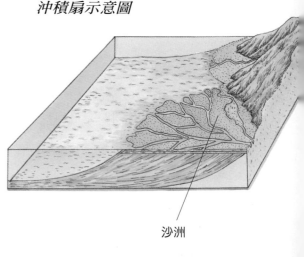

沙洲

淡水河沖積而成的關渡平原

三角洲

河流進入海陸交界處時，因坡度降低、水流變慢、攜帶泥沙的能力也下降，會產生堆積現象，一旦堆積物將河口堵塞，河水會往旁邊岔出，直到新河口再度堵住；如此不斷循環的結果，堆積物會逐漸外加寬、延伸，形成酷似三角形的堆積地形，稱為三角洲。

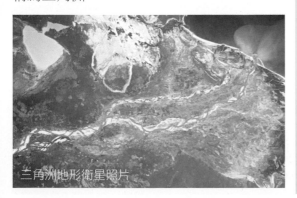

三角洲地形衛星照片

氾濫平原

因河水不斷侵蝕河岸，使得河道兩側出現寬廣的河谷平地，一旦水流增加、溢出河道，漫流在河谷平地上時，河水所挾帶的物質便會沈澱、堆積在這些平地上，形成氾濫平原，又名沖積平原。

分水嶺

區隔兩相鄰河川集水區的山嶺。

斷頭河

在河川襲奪過程中，上游被緊鄰河川所搶奪的河流便形成斷頭河。

壺穴

沙石在被河水搬運過程中侵蝕河床上的岩石，形成凹痕，礫石在落入凹痕時不斷被水流沖刷而轉動，年深日久便出現大小深淺不一的凹洞，稱為壺穴。例如基隆河上游的大華壺穴。

壺穴

辮狀河

由許多不斷分流、匯集的低淺河道所構成的形狀複雜的河道。部分河道水流常年不斷，其餘無水，僅在河水量多時有水流經過。

溼地

指長期（或週期性地）被水所淹沒的土地，可分為淡水溼地及鹹水溼地兩種；前者主要出現在湖泊或河流邊緣，後者常見於河海交界處。

★參見
水文P78、河流作用P132

辮狀河

溼地的類型

依成因，溼地可分為天然溼地與人為溼地；若依其分布地點，則可分為沿海溼地與內陸溼地。

1975年，國際自然保育聯盟（IUCN）針對溼地成因及生態系統，明定出以下溼地類型：淺海灣及海峽溼地，河口、三角洲溼地，小型島嶼，岩石海灘溼地，砂質海灘，潮灘（泥灘）溼地，紅樹林沼澤海濱溼地，海濱微鹹（鹹水）湖泊、沼澤溼地，鹽場，魚塘蝦池，河（溪）流溼地，河灘沼澤地，淡水湖泊，沼澤地，水庫（及人工湖），內陸水系鹽湖（鹹水）沼澤，季節性的淹水草地，稻田或灌溉農田，沼澤樹林或暫時性淹水林，泥炭沼澤地。

台灣溼地的動植物

招潮蟹　　水筆子　　彈塗魚　　海茄冬　　唐白鷺

 壺穴的成因

1

2

壺穴是指河床上許多圓弧形的洞穴地形。當沒有下雨的時候,水量較小,清澈的河流在堅硬均質的河床上緩慢的流動。

5

這些從上游搬運而來的河中石塊,流過均質的砂岩或堅硬的河床時,會隨著急流不斷的重複磨蝕河床底部的岩層。

9

10

這些渦流夾帶著石塊磨蝕著河床底部的岩層,使得河床底部開始出現圓形或圓弧形的淺洞穴。

當流域內有颱風或梅雨等天氣帶來豪大雨時，河流水位會開始暴漲，水流變得湍急。上游地區許多被豪大雨沖刷的大大小小石塊，被帶到河道中，並且往下游搬運。

湍急河水

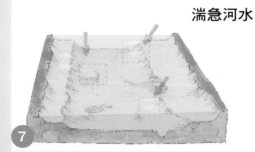

渦流

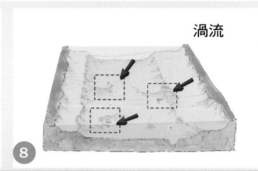

部分河道上因水位暴漲，產生許多湍急河水以及在原地打轉的渦流，

河成壺穴

河成壺穴

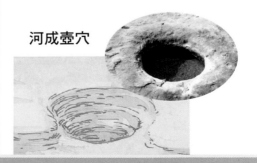

經過數十年至數百年的河水夾帶石塊磨蝕河床的結果，使河床的圓弧形洞穴，因為長期無數次的磨蝕作用，產生外形趨向多元且愈來愈深、愈來愈大的洞穴地形，這就是我們所稱的河成壺穴景觀。

海底地形

指海水面以下高低起伏的海底形貌，依其特徵可分為濱海帶、大陸棚、大陸斜坡、大陸隆堆等。

濱海帶

指海洋與陸地交界處、介於高低潮線之間的範圍，又名潮間帶。

大陸棚

由濱海帶往海延伸至水深200公尺內者。由於陽光充足、有來自陸地的營養物質，因此生物資源豐富，全世界大部分的漁獲都是在大陸棚上捕撈到的，各地大陸棚寬窄不一，有些地方甚至沒有，例如台灣東部部分海域及北美太平洋岸。

大陸斜坡

緊接著大陸棚邊緣由泥與岩石所構成的區域，延伸至海底盆地邊緣，坡度較大陸棚為陡，海水深度在此處急速增加，水深大約在200至4,000公尺間，斜坡上常有海底峽谷。

大陸隆堆

水深4,000公尺以上、鄰近大陸斜坡下方，由來自陸地及大陸棚的沈積物所堆積成的小丘，常呈現裙狀構造。

★★★ 參見
板塊P28、海洋P102

深海平原（海盆）

水深4,000公尺左右、坡度平坦的廣大海底地形。

海溝

海洋板塊與大陸板塊交界處所形成的、既深且窄縫隙，深度往往在7,000公尺以上。目前已知最深的是馬里亞納海溝，有11,524公尺深。

濱海帶

0~200公尺
大陸棚

大陸斜坡

大陸棚

大陸隆堆

地質作用與地形

北美洲

歐洲

大西洋

非洲

太平洋

南美洲

中洋脊

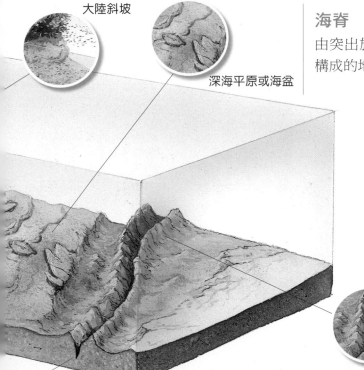

大陸斜坡

深海平原或海盆

海溝

海脊

海脊

由突出於深海平原之中的相連海底山脈所構成的地形。

中洋脊

位於板塊張裂邊緣的海底火山所形成的山脈，是地球表面上最大的地形構造；它由格陵蘭南方起，貫穿大西洋後繼續往印度洋及太平洋東部延伸，這裡是地殼熔融、岩漿湧出處，也是板塊運動的源頭。

海岸分類

海岸可依海面高度的升降，分為沈水與離水海岸；或以海岸構成物質，分為沙岸與岩岸兩種。也有科學家將它進一步細分為谷灣、峽灣、珊瑚礁與火山海岸等。

沈水海岸

又稱為淹沒海岸。此類海岸海水相對地上升（或陸地相對地下沈），有可能是大陸板塊向海底隱沒，或是氣候暖化時海平面上升所致。如中國大陸的浙江、福建沿海。

離水海岸

陸地上升幅度高於海平面者稱為離水海岸，通常可以看到海崖、海階或海蝕平台，例如澎湖七美的龍埕。

形成離水海岸的原因，除了陸地在板塊作用下上升外，另一原因則是間冰期導致海水面下降。

海蝕平台

岩岸

構物海岸的物質以岩層為主，常見岩層裸露、山丘緊鄰海岸，形成山海交錯、多岬角與灣澳的地形。如台灣東北部、北部的海岸屬之。

深入海中的金山海岬所構成的岩岸地形

石槽

北台灣富貴角一帶的老梅石槽是沙岸地帶的特殊景觀，成因是海岸地層上升，岩層在波浪沖刷下出現差異侵蝕，使得較鬆軟的部分凹陷，較堅硬的部分形成溝漕。

沙岸

由河流沈積物，或海浪所挾帶的貝殼、沙粒等所堆積而成的沙質海岸。這類海岸多半較平直，常見沙洲、沙灘。如台灣西南部嘉義、台南一帶的海岸即為沙岸。

金山市區

金山海港

海岸退夷

指海岸線往內陸退縮的現象。可能是陸地逐漸沈入海平面下，或是海浪、海流侵蝕沙灘、海崖等所致。

海岸進夷

指海岸線往外海擴張外移的現象；或是陸地抬升，沿岸流攜帶泥沙，自海岸線往海面方向堆積，形成沙灘、沙洲往外海擴張，而原本濱線以下部分逐漸陸地化的現象。

史崔勒海岸分類

史崔勒（Strahler）將海岸依其成因分為七種類型，分別為峽灣、谷灣、洲潟、三角洲、斷層、火山與珊瑚礁海岸。

斷層海岸

地形陡直險峻，近乎平行於斷層面發育的海岸。台灣東部蘇澳、花蓮之間便可見到典型的斷層海岸。

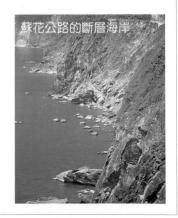

蘇花公路的斷層海岸

洲潟海岸

多沙洲、潟湖、潮汐灘地的海岸地形，多半是因為旺盛的堆積作用所致。如台南一帶的七股潟湖、沙洲屬之。

峽灣海岸

冰河入海處，冰層底部雖低於海平面，仍繼續侵蝕冰河槽，當冰河消融後，海水沿著U形冰河槽入侵，形成兩側山壁陡峭、狹長且深入內陸的海灣。如北歐挪威、紐西蘭南島皆有標準的峽灣地形。

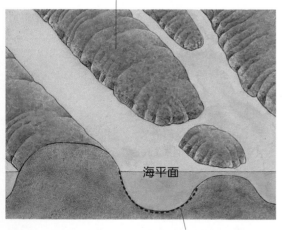

較高的山丘在冰河消融後露出海平面

海平面

沒入海面下的U形槽

三角洲海岸

輸沙量大的河流會在出海口形成廣大的三角洲地形，稱為三角洲海岸。著名的有非洲尼羅河三角洲、台灣東部的和平溪、立霧溪、太麻里溪等皆有典型的三角洲地形。

火山海岸

火山噴發的熔岩流動到陸海交界處凝固後所形成的海岸。台灣的北海岸地區（金山至淡水間）即屬此類海岸地形。

谷灣海岸

河流侵蝕所形成的山谷和山脊，因海水面上升（或陸地沈降）沒入水中，形成多岬角、溺谷的海岸地形。

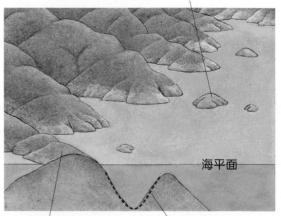

原本的山脊突出於海面，部分形成島嶼

海平面

原本的山脊突出於海面，部分形成岬角

河道下游的V形谷被海水淹沒，形成溺谷

紐西蘭峽灣地形

參見
板塊P28、海底地形P148

潟湖

指離岸沙洲與海岸之間部分封閉的水域，潟湖內外的海水僅藉著沙洲的缺口互相流通。構成潟湖與海岸間的隔離物質有沙洲與珊瑚礁等，前者如台灣屏東的大鵬灣，後者如澳洲東北部的大堡礁。

珊瑚礁海岸

岩岸地帶若有眾多珊瑚礁分布，則稱為珊瑚礁海岸。受限於珊瑚生長條件，此類海岸僅出現在溫暖的熱帶或副熱帶淺海中。恆春半島、綠島、蘭嶼常見此類海岸，另外東沙國家公園則有典型的環礁發育。

堡礁

生長在離海岸數公里處，以較深的潟湖與海岸相隔。堡礁通常生長在大陸棚邊緣，或是環繞在島嶼周圍，有時裙礁會出現在堡礁與海岸之間，形成兩種珊瑚礁共存的現象

裙礁

由環繞在大陸或海島邊緣生長的珊瑚礁構成，往往向外海生長，形成珊瑚礁平台

環礁

外形大致呈圓盤狀，邊緣的珊瑚礁突出於水面、中心的珊瑚礁位於海水面下，被包圍的海面範圍成為潟湖

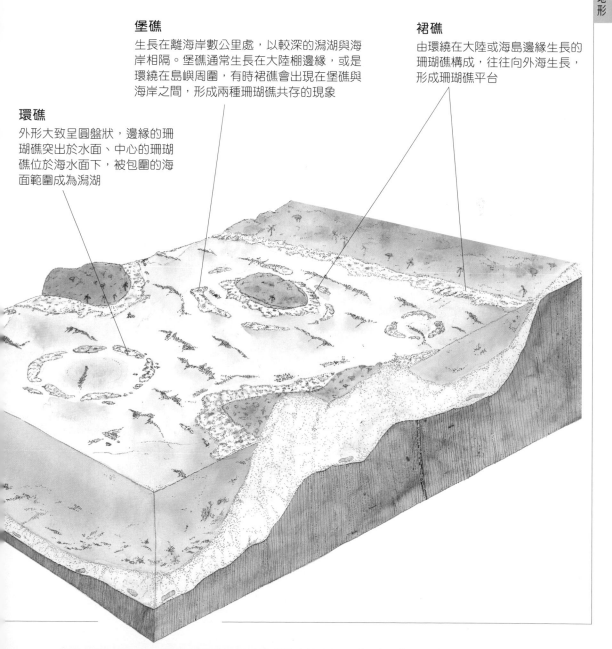

沈降說與環礁

環礁的形成原因有多種說法,其中以達爾文的沈降說最為一般學者所接受。

圖片來源:NASA Earth Observatory

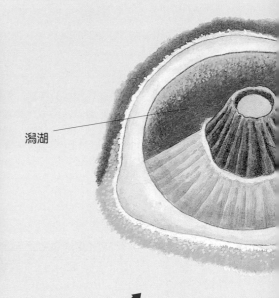

潟湖

活火山

海底火山歷經多次噴發後,突出於海面,珊瑚原本附生於火山錐靠海底處,在離開水面後死亡,形成裙礁。

裙礁

堡礁

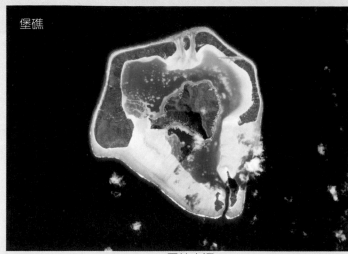

圖片來源：NASA Earth Observatory

死火山
火山不再活動後，逐漸沒入海
面下，但造礁珊瑚仍持續生
長，形成堡礁

環礁

潟湖

環礁

圖片來源：NASA Earth Observatory

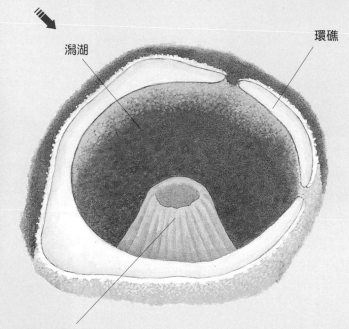

火山已完全沒入海平面下

海積地形

河流及沿岸流所攜帶的物質會在海岸邊緣沈澱堆積,形成各種海岸地景,例如沙灘、沙洲或海埔地等。

海灘

河流或是沿岸流所帶來的沈積物,在海濱堆積後形成海灘。依其組成顆粒的大小可再分為礫灘與沙灘。

礫灘

由礫石堆積所形成的海岸地形,礫石來自河流挾帶的物質,或是沿岸流自海底帶上來的侵蝕物質。

林口礫灘

潮汐灘地

或稱海埔地,指位於海邊,漲潮時沒入海面下,退潮時出露於空氣中的泥沙沈積地。

沙嘴

橫越河口、海灣,由沙礫、貝殼堆積而成的堆積地形,因受波浪影響,會朝陸地內彎曲。

沙灘的種類

常見的沙灘有三種顏色,金黃色沙灘表示沙中含有多量石英,例如福隆的沙灘;灰黑色沙灘表示沙中多磁鐵沙,例如西子灣的沙灘;白色沙灘表示沙中含有多量貝類,例如澎湖的吉貝嶼。

參見
★★★ 海岸分類P150、海蝕地形P162

地質作用與地形

新竹香山灘地

沙嘴

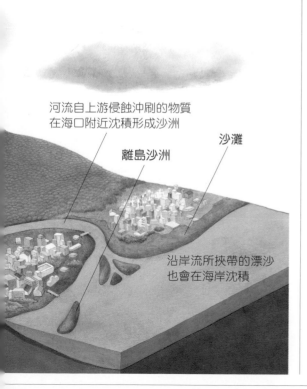

河流自上游侵蝕沖刷的物質
在海口附近沈積形成沙洲

離島沙洲

沙灘

沿岸流所挾帶的漂沙
也會在海岸沈積

沙洲

沙洲有兩種，一是由河水挾帶泥沙堆積而成，另一種則是海浪或潮流攜帶礫石、沙泥，在海岸線外所堆積而成的堤狀地形。

離岸沙洲

由波浪所帶動的沙礫，在離岸略遠處堆積成與陸地不相連的沙洲。
此類沙洲通常會因為沙量持續累積而逐漸變長，形成一穩固地形，例如高雄的旗津半島。

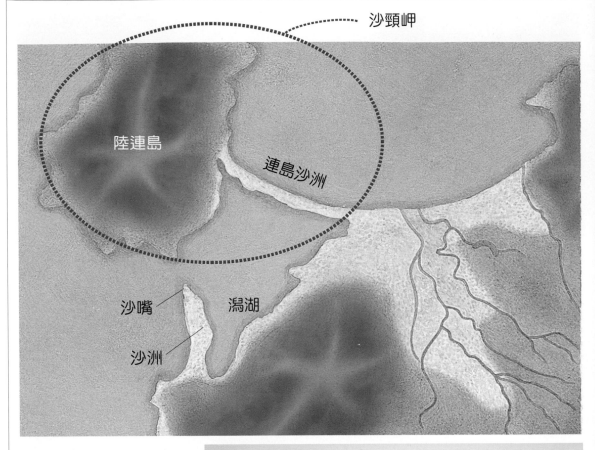

沙頸岬

陸連島

連島沙洲

沙嘴

潟湖

沙洲

連島沙洲
連接起沿岸島嶼，或連接起大陸與島嶼之間的沙洲。

陸連島
與陸地間有沙洲相連的島嶼。

沙頸岬
陸連島與連島沙洲的合稱，如宜蘭的南方澳即為典型的沙頸岬。

宜蘭南方澳沙頸岬

沿岸流行進方向

突堤效應

垂直於海岸的防波堤（或丁字壩）會攔阻沿岸流，使得防波堤靠上游側出現漂沙堆積，另一側出現侵蝕的現象。

最常見的例子便是沙灘上游出現人工建築，導致沙灘受侵蝕而縮小，乃至消失。

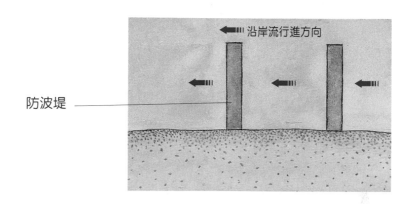

沿岸流行進方向

防波堤

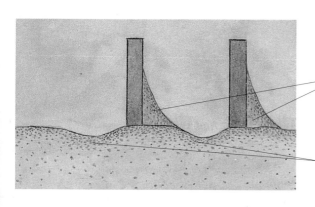

沿岸流挾帶的漂沙在此處堆積

下游側因沙源減少，出現沙灘縮小、消失的侵蝕現象

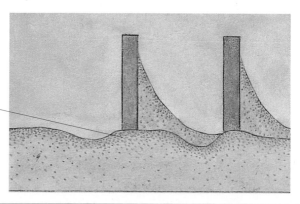

一旦接近上游的防波堤因淤沙量超過負荷，較下游的防波堤沙量會顯著增加

海積地形的形成過程與類型

河流

1

小島

2

海積地形就是海水堆積作用所形成的地形，例如地表上有一條河流從陸地流入海洋，而在離陸地不遠的海面上，則分布著一個小島。

沙灘

5

濱外沙洲

6

另外，還有部分的泥沙，則堆積在海水與陸地的交界處，形成海邊的沙灘景觀。原先泥沙堆積的淺海海底區域，因河水持續帶來泥沙進行堆積作用，最後露出海面，形成濱外沙洲。

9

沙丘地形

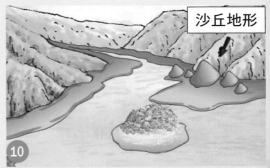

10

而原來堆積在海邊沙灘上的泥沙，若被風吹向內陸，並在離海岸不遠處遇到障礙物，則會堆積形成沙丘地形。

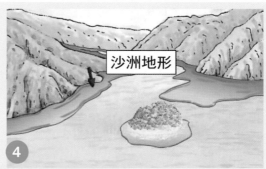

河流不斷從上游地區搬運泥沙，堆積在河流出海口附近，受到沿岸海流與海浪作用的影響，部分泥沙被
海水帶至附近淺海海底堆積，部分則被帶到小島與陸地間的海域堆積，形成沙洲地形。

此外，小島與陸地間的海底，也持續有泥沙進行堆積，靠近陸地向外海堆積的沙洲，會形成突出的外
型，稱為砂嘴。

原先位於外海的小島，因陸地突出的砂嘴及海中的沙洲不斷堆積，最後與小島周圍的沙洲連結在一起，
稱為連島沙洲。

海蝕地形

在海水侵蝕作用較強的地區，因泥沙不易堆積而多岩岸形態。岩石在波浪不斷拍擊下會出現侵蝕地形。

海蝕洞

海蝕崖
緊鄰海洋的岩岸受到波浪侵蝕及崩壞作用所形成的陡崖。

海蝕平台

海蝕平台

波蝕平台向外海延伸而去的平坦部分，是由波浪和海流所磨蝕而成，其與波蝕平台並無明顯界線，可合稱為海蝕台地。如澎湖七美、東北角的鼻頭角、萊萊，均可見海蝕平台。

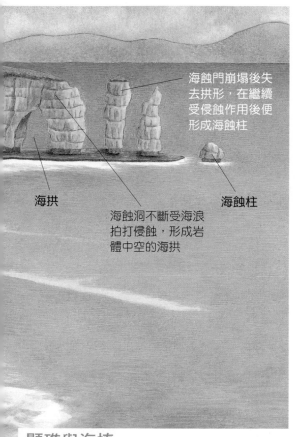

海蝕門崩塌後失去拱形，在繼續受侵蝕作用後便形成海蝕柱

海拱

海蝕柱

海蝕洞不斷受海浪拍打侵蝕，形成岩體中空的海拱

顯礁與海樁

海拱受海浪侵蝕，頂端的岩層崩塌、失去與陸地相連的岩體，形成突出於高潮線的獨立岩柱，稱為顯礁或海蝕柱，低於高潮線者，則稱為海樁。如金山的燭台雙嶼。

★★★ 參見

海洋P102、海岸分類P150、海積地形P156

海蝕台地

由海崖基部向海延伸的平淺台地，包括波蝕平台和海蝕平台。

波蝕平台

海浪侵蝕海崖底部，使得海崖崩塌後退，出現與海平面等高的平台。

波蝕平台又稱為波蝕棚，在基隆和平島海岸可觀察到此一地貌。

海階

波蝕平台前端因海水面下降或陸地上升，再度受海浪侵蝕，形成小陡崖，當陸地經過數次抬升後，便出現一連串陡崖，稱為海階。如東海岸的長濱、成功等聚落，即位於海階之上。

海蝕凹壁

海蝕崖下方因受海浪侵蝕所形成的凹槽。如台灣東北部和平島、鼻頭角等地，均可看到發達的海蝕凹壁地形。

海蝕洞

海浪拍擊海岸岩壁所形成的洞穴。成因是海浪拍擊岩壁時，會壓縮岩壁上節理等空隙的空氣並對岩石產生壓力，當海浪消退時，岩石因減壓碎裂、出現裂痕，加上波浪挾帶沙粒進行磨蝕作用，裂隙逐漸變大，形成海蝕洞。如東海岸長濱的八仙洞。

海拱

海浪持續拍擊海蝕洞，終至貫穿岩體成中空狀，稱為海拱，又叫作海蝕門。如北海岸石門風景區的石門。

海蝕地形的形成過程與類型

海崖

1

岬角

2

在岩石入海處，可以看到明顯的海崖，海水不斷拍打著海崖的底部。岩石海崖有突出的岬角。

海蝕洞

5

海蝕凹壁

6

崩落入海的岩石，經由海水侵蝕作用後，被打碎帶走，於是節理附近形成一個凹入的洞穴，稱為海蝕洞地形。海崖底部也因海水侵蝕作用，出現整片凹入的岩壁，這就是海蝕凹壁的地形景觀。

9

10

當海蝕門上方岩石持續受到降水、風蝕等作用影響，這些岩石會漸漸破碎、崩落，時間一久，使海蝕門與原來突出岬角的岩石完全分離，形成獨立的海蝕柱地形。

地
質
作
用
與
地
形

節理

③

④

> 岬角的岩層，有明顯的節理分布。隨著海水不斷拍打，節理周圍的岩石產生崩落現象。

海蝕門地形

海蝕門地形

⑦

⑧

> 岬角上的海蝕洞持續受海水侵蝕作用影響，最後被海水貫穿，形成一個拱門狀的外觀，稱為海蝕門地形。

海蝕柱

海蝕平台

⑪

⑫

> 此外，海蝕凹壁受到海水侵蝕而愈來愈深，凹壁上方岩石也因承受不了重力，而不斷崩落，使海蝕凹壁下方出現平台狀地形，稱為海蝕平台。

崩壞地形

土壤、岩石等物質因受重力牽引往下坡移動，稱為塊體運動，其所造成地形即為崩壞地形。

落石

陡坡上方因風化或崩壞而直接墜落石塊。

弧形地滑

由岩屑和土壤所組成的物質，成弧形往下坡滑動的現象。

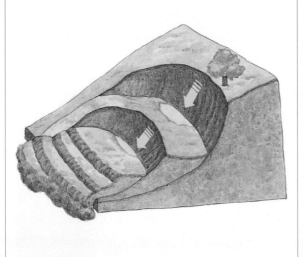

崩塌

斜坡上富含水分的物質順向滑動的現象。通常崩塌處的頂端會出現陡崖，而底部則成鬆散的土流狀態。

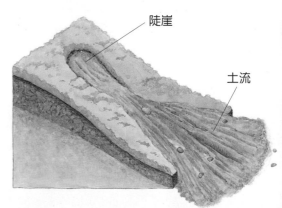

陡崖

土流

平面型地滑

指岩塊或土體沿明顯的破壞面向下滑動，且岩塊或土體的底端出露於坡面，稱為平面型地滑，常見於順向坡地區。

★★★ 參見

土壤P58、地震P206

土石流屬崩壞地形的一種，由於移動速度快、挾帶大量巨石，常造成重大災害

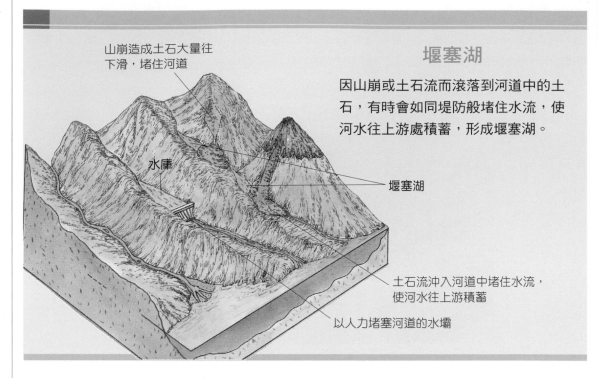

山崩造成土石大量往
下滑，堵住河道

水庫

堰塞湖

因山崩或土石流而滾落到河道中的土
石，有時會如同堤防般堵住水流，使
河水往上游處積蓄，形成堰塞湖。

堰塞湖

土石流沖入河道中堵住水流，
使河水往上游積蓄

以人力堵塞河道的水壩

土石流

指土、沙、石礫、大小岩塊和水的混合
物，沿著溪谷或陡坡向下快速移動的現
象。土石流往往出現在有大量風化土石的
陡坡上，豪雨出現時也是土石流最容易發
生的時刻。

潛移

指斜坡上的土壤緩緩向下移動的現象，因
為速度極緩慢——表層土粒移動速度約每
年1公釐，越深層者速度越慢，因此往往發
生很長一段時間之後，才能由樹幹的彎曲
等現象察覺出來。
造成土壤潛移的原因有乾溼冷熱的變化、
結凍與解凍、動物的鑽鑿、植物的根系生
長與死亡等。

山崩

山坡上方的土塊、植物等順著山勢急速往
下移動的現象稱為山崩。

土壤的潛移作用造成樹幹彎曲生長

台灣土石流潛勢溪流數統計表

縣市	土石流潛勢溪流條數			
	影響範圍內保全住戶			小計
	5戶以上	1～4戶以上	無住戶	
宜蘭縣	5	58	75	138
基隆市	4	6	24	34
台北市	5	5	40	50
台北縣	61	92	66	219
桃園縣	9	18	24	51
新竹縣	37	22	12	71
苗栗縣	32	31	13	76
台中市	0	3	0	3
台中縣	44	41	13	98
彰化縣	4	2	1	7
南投縣	108	81	29	218
雲林縣	4	3	2	9
嘉義縣	25	19	14	58
台南縣	10	30	8	48
高雄市	1	0	2	3
高雄縣	24	43	12	79
屏東縣	33	18	13	64
台東縣	47	51	65	163
花蓮縣	43	71	49	163
合計	496	594	462	1552

資料來源：行政院水土保持局

地質作用與地形

 地理動畫

土石流成因與災害

山谷

陡峭的邊坡

① ②

▶ 土石流發生的地區通常為山谷，在山谷的背後會有陡峭的邊坡，陡峭邊坡上的岩層受到風吹、日曬、雨淋等各種天氣作用與影響，使邊坡岩層不斷產生風化嚴重的岩石碎屑，並堆積在陡峭的邊坡上。

堆積的土石

⑤ ⑥

▶ 在持續不斷的風吹、雨打、日曬的作用下，在山谷內裡累積愈來愈多的許多大大小小土石。

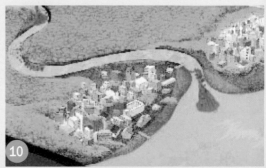

⑨ ⑩

▶ 河道中這些充滿飽和水的土石，彼此間的摩擦力因為孔隙充滿水分而逐漸變小。

經過持續不斷的風吹、雨打、日曬等作用,使這些風化的岩石碎屑,斷斷續續的崩落至下方的山谷裡堆積。

當颱風或梅雨季節時,豪大雨不斷的下在山谷與四周的集水區內,集水區內的降水不斷匯集於河谷中,使河水不斷暴漲,於是河谷中的土石逐漸充滿飽和的水。

當這些土石的平衡狀態被破壞,開始沿著河道向下流動,就產生了土石流的現象。這些向下流動的土石,一直流到下游平緩的河道上才慢慢的停止流動。

順向坡崩塌連環圖

透水層
（主要為砂岩）

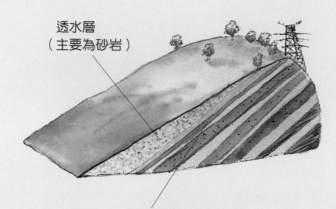

不透水層（主要為頁岩）

透水層
（主要為砂岩）

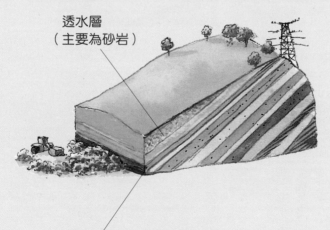

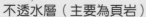

不透水層（主要為頁岩）

入滲

地下水匯集於不透水層表面，
使得透水層富含水分

地下水使上方透水層下滑力
大於摩擦力而產生地滑

 # 潛移作用與地形

潛移作用

1　2

潛移作用是一種在台灣相當常見，卻不容易直接觀察的崩壞作用。我們多半可以透過坡地上具有向光性的植物，來觀察潛移的發生。

5

6

平緩的坡面表層土石，因為長期的太陽照射，以及雨水和風等作用影響，會不斷產生的風化作用，使得土壤層與底部的岩石碎屑愈來愈厚。

9

10

向下緩慢移動的土石，會使得原先地表的草地，受到土石的推擠作用，逐漸形成波浪狀的起伏外形。坡地上的樹幹、電線桿以及墓碑等，也因為地表土石的緩慢向下移動而發生向下坡處傾斜的現象。

地質作用與地形

在邊坡上如果地層有較厚碎屑物質分佈，如岩屑或土壤層等，坡地上的植物通常會因向光性關係，筆直的往上生長；這裡若有電線桿或墓碑也呈現原先的正常外型。

這些厚重的土壤與下方半風化的岩石碎屑等，因為重力的擠壓，會慢慢出現沿著地表坡面，緩慢的向下移動現象。

傾斜的樹木，會因為向光性和背地性，慢慢的、筆直的往上生長，形成樹幹底部彎曲後，上方的樹幹筆直向上生長的特殊外型。

岩溶地形

在雨量適中、節理發達、有厚層石灰岩分布的地區所發展出來的各種複雜地形，因最早在歐洲前南斯拉夫喀斯特地區進行研究，因此又稱為喀斯特地形。

溶蝕作用

石灰岩與帶酸性的雨水接觸後，因碳酸化作用，使得岩石中的碳酸鈣隨雨水流失的作用。

滲穴

又叫陷穴，指石灰岩地形中，因溶蝕作用或地下洞穴崩塌所形成的窪地。深度由1公尺至7、8公尺不等，面積則在數平方公尺至數百平方公尺間。

豎坑

出現在石灰岩地區、成直筒狀垂直於地面的坑洞。

窪盆

豎坑或陷穴如因溶蝕作用繼續擴大，或因地下洞穴過於發育而倒塌，導致相鄰的豎坑或陷穴連結所形成的狹長封地窪地。

滲穴

伏流

河流在石灰岩地區遇豎坑與陷穴後轉往地底下流動者。

伏流

圓頂殘丘

下方陡峭而上端圓滑的低矮石灰岩丘。成因為錐丘的基部受地下水溶蝕，導致下方邊坡坡度變陡，但頂部卻因風化侵蝕作用導致圓滑。

錐丘

石灰岩地區的溶蝕作用旺盛，使得豎坑和陷穴日漸向下擴大，殘餘的石灰岩體形成高數十到數百公尺不等的小丘，稱為錐丘或石林。中國大陸的桂林一帶便有知名的錐丘地景。

錐丘

石灰華階地

石灰華階地

石灰岩洞穴或溫泉四周的石灰質沈積物稱為「石灰華」或「緣石」，若地面崎嶇不平，使得眾多緣石呈階梯狀分布，便稱為石灰華階地或千枚皿。

緣石

石灰岩地形中含重碳酸鈣的流水，遇到小型窪地後積水成池，當池水滿溢外流時，池緣處因水分蒸發，沈澱出碳酸鈣，逐漸累積成增高、變厚的岩體，稱為緣石。

緣石

石灰岩地形的發育

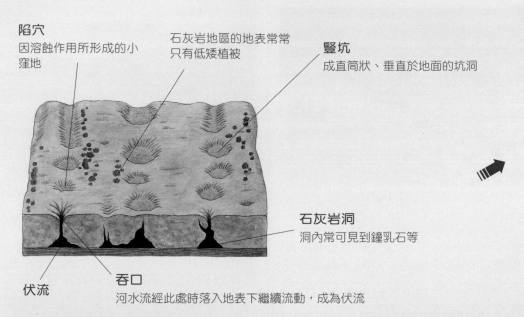

陷穴
因溶蝕作用所形成的小窪地

石灰岩地區的地表常常只有低矮植被

豎坑
成直筒狀、垂直於地面的坑洞

石灰岩洞
洞內常可見到鐘乳石等

伏流

吞口
河水流經此處時落入地表下繼續流動，成為伏流

豎坑

地質作用與地形

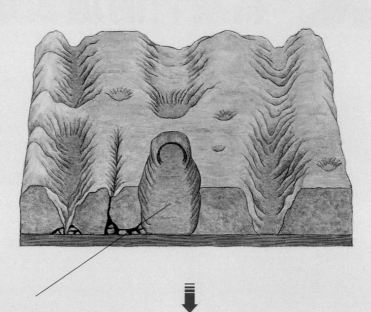

長阱溝
因石灰岩洞崩塌，或兩相鄰豎坑、陷穴相連而出現的地形

錐丘
高度在數十至數百公尺間

圓頂殘丘
低矮、頂部圓滑的石灰岩殘丘

石灰岩在長期風化後成為土壤

 石灰岩的地表地形

1

石灰岩質地層

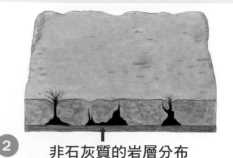

2

非石灰質的岩層分布

圖中大範圍的山坡地分布，其中地表岩層主要以石灰岩質的地層為主。位於石灰岩層的下方，則有非石灰質的岩層分佈，該地的地表坡面則為一平緩的斜坡。

5

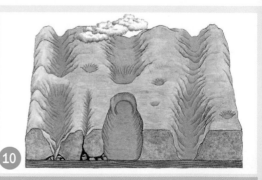

6

長條型的溶蝕現象

岩溝地形

石灰岩地區雨水落至地表後，部份會沿著坡面向下坡處流動，這些向低處流動的地表水，將使地表石灰岩層發生長條型的溶蝕現象，時間一久，這些溝谷會愈來愈深，這就是岩溝地形。

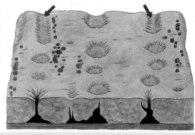

9

10

滲穴四周若持續受到地下水的溶蝕作用，逐漸將兩側岩壁與滲穴底下的石灰岩層不斷的溶蝕帶走，於是與周圍其他滲穴發生相連的情況。

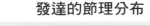
發達的節理分布

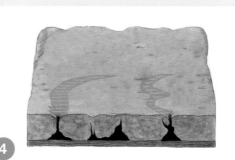

③ ④

石灰岩層中有許多發達的節理分布，這些節理剛好可以讓雨水入滲成為地下水。

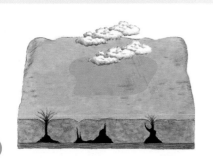

滲穴

⑦ ⑧

此外，在地形較為平坦的地表，地表的雨水會慢慢入滲成為地下水，地下水不斷的沿著節理進行溶蝕作用，使節理不斷擴大，並產生上寬下窄的漏斗狀且近乎垂直的洞穴景觀，稱為滲穴。

長條型窪地　↙錐丘　　　　　窪盆　↓　　↙錐丘

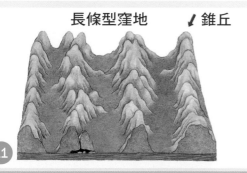

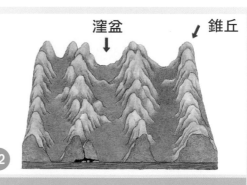

⑪ ⑫

此一溶蝕過程若不斷持續，溶蝕作用也會不斷的將滲穴周圍的石灰岩層帶走，直到大部分可溶蝕的石灰岩層溶蝕完為止。此時會形成相互連結的長條型窪地稱為窪盆。

鐘乳石

或稱石鐘乳。當含有碳酸的雨水滲入地表時，石灰岩層中的碳酸鈣會被溶解，形成碳酸氫鈣溶液，這些溶液自石灰岩洞穴或石灰岩底層滲出時，碳酸氫鈣會與空氣中的二氧化碳產生作用，再度變成碳酸鈣凝結，形成突出於岩體，狀似鐘、乳者。其化學方程式為：

$$2H^+ + 2CaCO_3 \rightarrow Ca(HCO_3)_2 + Ca^+$$
$$Ca(HCO_3)_2 <=> CaCO_3 + H_2O + CO_2 \uparrow$$

石柱

石灰岩洞內，因鐘乳石與石筍相接所形成的柱狀岩體。

石灰岩地景（美國黃石國家公園）

石灰岩

廣義而言，含有碳酸鈣的岩石都可稱為石灰岩，依碳酸鈣含量高低，可再細分為泥岩、泥粒灰岩、粒灰岩、斑狀岩、結晶質碳酸岩。石灰岩屬沈積岩的一種，碳酸鈣有可能來自岩石析出的化學成分，也有可能來自生物骨骼，恆春半島海邊常見珊瑚礁也是石灰岩的一種，稱為「珊瑚礁石灰岩」。

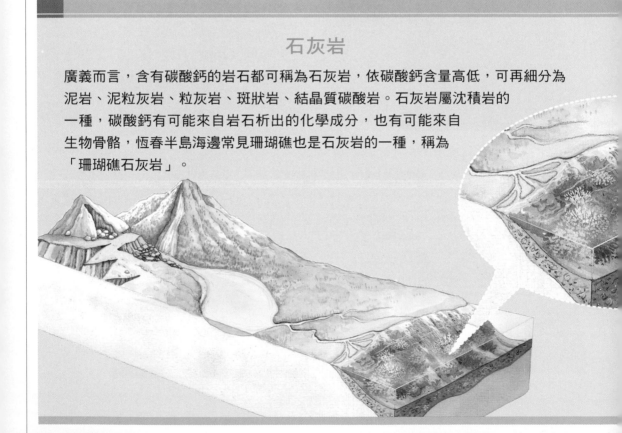

地質作用與地形

石筍

由洞穴頂端逐漸往下
增加的鐘乳石

石灰岩洞（馬來西亞MULU國家公園）

石筍

含有碳酸的雨水滲入石灰岩中，便會形成
碳酸氫鈣溶液，這些溶液若自石灰岩洞穴
頂部滲出、滴到地面，在水分蒸發、二氧
化碳逸散後會成為碳酸鈣沈澱，形成由地
表逐漸往上的岩體便稱為石筍。

淺海中的生物死亡後，
骨骼裡所含的碳酸鈣與
沈積物混合，有可能形
成沈積石灰岩

滴石

石灰岩地形中常見的石
筍、鐘乳石等，均可稱
為滴石。

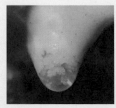

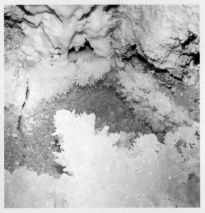

地理動畫 **石灰岩的洞穴地形**

山坡地

1

非石灰岩層

2

▶ 圖中是以石灰岩地層為主的山坡地，在石灰岩層的下方，則為非石灰岩層分布。

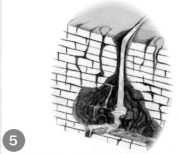
5

6

▶ 當雨水落至地表後，沿著石灰岩的節理入滲，不斷溶蝕節理周圍的石灰岩，最後出現一個規模相當大的洞穴。

含有碳酸鈣的水滴

9

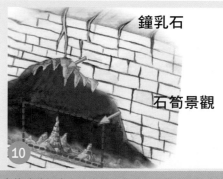
鐘乳石

石筍景觀

10

▶ 部分洞穴頂部的地下水滴到洞穴底部時，地下水中的碳酸鈣也會發生結晶作用，產生由下往上長的碳酸鈣結晶，此一持續發生碳酸鈣的結晶作用，將使結晶不斷長大，形成由下往上生長的石筍景觀。

節理

3

入滲和溶蝕作用

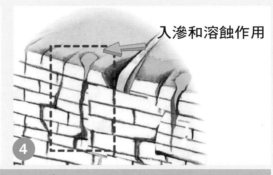

4

這些石灰岩層中,有許多發達的節理,可以讓地下水進行入滲和溶蝕作用。

碳酸鈣濃度出現過飽和

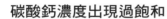

7

鐘乳石景觀

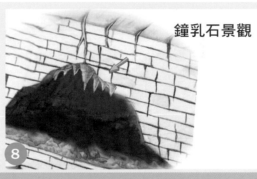

8

這些帶有碳酸鈣的地下水落至洞穴頂部時,若發生蒸發作用,將使碳酸鈣的濃度出現過飽合現象,水中溶蝕的碳酸鈣,就會開始在洞穴頂端的地下水出口處,形成結晶的鐘乳石景觀。

鐘乳石

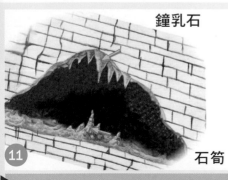

11

石筍

石柱地形

12

含碳酸鈣的入滲地下水,不斷的將水中的碳酸鈣進行結晶作用,使鐘乳石持續往下生長,石筍也不斷的往上生長,於是兩者最後相互連結在一起,就形成石灰岩的石柱地形。

冰河地形

在高緯或高山地區，若每年降下的雪量較夏季融化量為多時，會形成冰河。冰河因為增厚或重力的因素而移動，連同挾帶的砂石而對行經的地表造成侵蝕作用。通常冰河在移動過程中，會將鬆動的岩塊拔起帶走，並刻蝕河床，造成地表形態的變動，成為有別於一般河流的地形。

冰河

或稱冰川，成因是在積雪深厚的地區，因下層的冰雪受到重壓，在融解後重新結晶成冰；一旦這類冰雪體積過於龐大，便會順著地勢滑向較低處，形成冰河。

冰河的移動速度極為緩慢，當冰河區的降雪量大於融雪量時，冰河的前緣會向前推移拓展，當降雪與融雪相當時，冰河前緣維持不動，而當降雪量小於融雪量時，則冰河前緣會逐漸消融。

冰斗

山嶽型冰河的源頭由於積雪甚厚，當冰層緩慢移動時，下方的岩層因受磨蝕作用影響，兩側和上緣的岩層則因凍裂作用、順著節理崩塌成陡峭的岩壁，成為半圓形、似斗狀的窪地。

冰斗

冰河槽（U形谷）

大陸性冰河在移動過程中，凍結在冰層底部的岩石對谷底和谷壁進行磨蝕和刻鑿，因而在與冰河前進方向平行處，產生底部平緩而兩壁陡宜、橫剖面呈U字形的冰蝕槽。

擦痕

冰河挾帶岩塊在其所經之處的岩體表面刻蝕所留下來的、與冰河流向一致的凹痕，由於冰河流向相當穩定，通常當冰河消退後，可由擦痕的方向推測當初冰河前進的方向。

羊背石

受冰河磨蝕的堅硬岩層，因頂端成圓丘狀，形似羊群俯臥平原上，故名羊背石。圓丘面向冰河上游的一側因為受到磨蝕作用，坡度較平緩，表面光滑有擦痕，剖面略呈上凹的曲線狀；另一側坡度較陡，外觀不規則且剖面通常呈上凸的曲線狀。

冰河前進方向

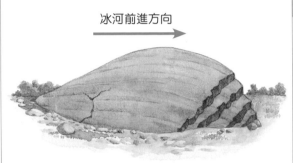

角峰

當一個山頭被多道大陸性冰河包圍時，由於各冰河冰溯源發展，將山頭侵蝕成尖銳類似金字塔形錐狀地形，稱為角峰。

山嶽冰河作用下的地形

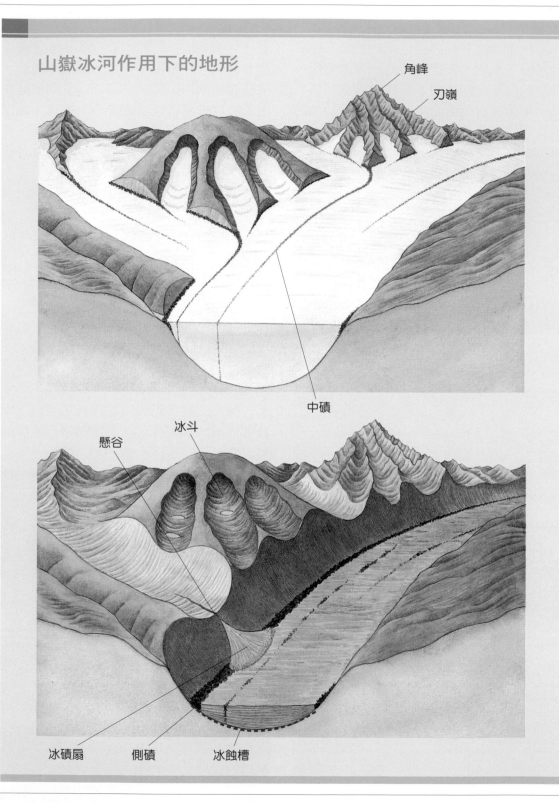

角峰

刃嶺

中磧

懸谷

冰斗

冰磧扇   側磧   冰蝕槽

地質作用與地形

山嶽冰河

位於中高緯度山區、順著山谷移動的冰河。

冰磧石與冰磧丘

冰河行進時同時搬運粗細雜陳的土石碎屑，在冰河消融時，部分碎屑便直接堆積原地，形成大小混雜、圓度不一、層次難分的堆積物。廣義而言，冰磧石與冰磧丘同義；狹義而言，冰磧石指堆積物，冰磧丘指堆積而成的地形。

懸谷

冰河對河床的刻蝕能力與冰層厚度有關，因此冰層厚度較薄者下切力量較小，造成支流冰河槽的谷床高度較主流河床高的現象，待冰河消退後便出現懸谷地形。

刃嶺

冰河的冰拔和凍融作用使冰斗源頭的岩壁不斷崩垮後退，兩相鄰冰斗間的分水嶺因而越來越窄，形成有如刀刃一般尖銳的山脊。

刃嶺

大陸冰河

覆蓋在高緯地區的大範圍冰河。

冰蝕湖

冰蝕平原上因冰河的挖鑿作用而產生許多窪地，冰河消退後常積水成湖。

冰蝕平原

大陸冰河面積廣大，將其覆蓋區侵蝕為低緩起伏的地形，稱為冰蝕平原。如加拿大中部大平原即為冰蝕平原。

外洗平原

由多個相鄰的外洗扇所聯合而成的寬廣平原。

冰礫阜

堆積成丘狀的成層冰磧石。

鼓丘

在冰原下堆積，與冰河前進方向平行排列的流線形冰磧地形。可能是冰河底層融化時所釋放的冰磧物堆積後，被前進的冰河摩擦重塑成流線形。

鼓丘內部並無明顯的層理，但石礫的長軸均與冰河移動方向一致，其縱剖面呈不對稱發展，迎冰面較陡，另一側坡度則較緩。通常高度在20到30公尺，長度可達數百公尺。

外洗扇

當冰河消融時，一面後退一面變薄，融解的冰水挾帶著冰層裡融解釋放的土石砂礫向冰河區以外流動，在冰河端磧外所堆積成的扇狀地形。

冰河

外洗扇

大陸冰河作用下的地形

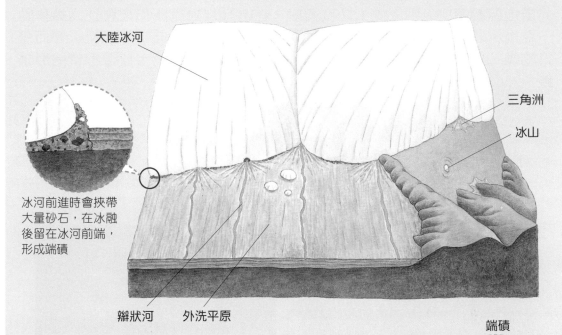

大陸冰河

三角洲

冰山

冰河前進時會挾帶
大量砂石，在冰融
後留在冰河前端，
形成端磧

辮狀河　　外洗平原

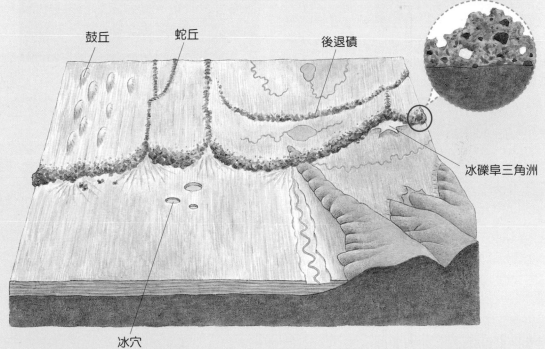

鼓丘　　　蛇丘

後退磧

端磧

冰礫阜三角洲

冰穴

乾燥地形

赤道地區暖溼空氣因太陽大角度照射，在上升到對流層頂後會往高緯移動，在南、北緯30度附近開始往下沈，副熱帶地區因受此下沈氣流影響而變得乾燥，若無海洋水氣調節，極易形成乾燥的氣候環境，連帶影響地形景觀。

乾谷

指乾燥地區的乾涸河谷。

此外，北非和阿拉伯沙漠地區也將乾涸平坦的沙礫河床稱為乾谷，這類河床因地下水面相當接近地表，因此常有水源湧出。

綠洲

指沙漠中有井水、泉水或河流的地方，水源除降水外，亦有部分為周邊的高山融雪水。有些風蝕窪地因地表沙土被風刮除，造成地下水面十分接近地表，也會形成綠洲。

惡地

指崎嶇、多蝕溝的地形，通常出現在岩層透水性低的地方。如苗栗的火炎山、南投九九峰等。

沙漠

年雨量低於250公釐、地表缺乏植物的乾燥地區；沙漠的地表多半為細沙或石礫所覆蓋。

乾燥地形

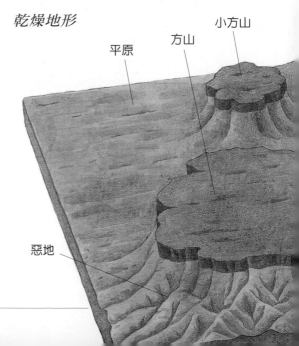

平原　方山　小方山

惡地

沙漠帶上的台灣

全球的沙漠地區主要集中南、北緯15～35度之間，例如撒哈拉沙漠、澳洲西部沙漠等，因此這個區域也被稱為沙漠帶，台灣也在這個範圍內，卻因為四面環海，且有夏季的西南季風帶來暖溼空氣，使氣候不至過於乾燥，加上颱風所挾帶的水氣被高聳的中央山脈所攔截，可降下足夠的雨量，才使台灣不至於成為沙漠。

方山

乾燥地區由水平沈積岩所形成的岩體，因受長時間的風化和侵蝕作用，造成頂部平坦、兩側較陡的地形。澎湖便有許多島嶼為方山地形。

雅爾當

在沙漠地帶，強風挾帶著沙礫不斷磨蝕地面，所造成的長而深的風蝕溝，溝間還殘留著尖銳脊嶺的地形。風蝕溝的方向與盛行風一致，高度在10公分以上，最高可達200公尺。在中國大陸稱為雅丹地貌。

乾鹽湖

沙漠盆地中的窪地在大雨後積水，雨後水分蒸發，留下一片鹽類沈積物。

★參見
★★
★ 大氣層P24、氣候P64

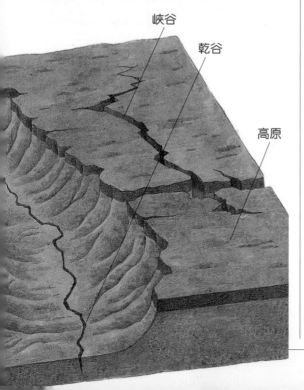

峽谷
乾谷
高原

右前象限

颱風前進方向

颱風眼

3 人與地球

People and
the Earth

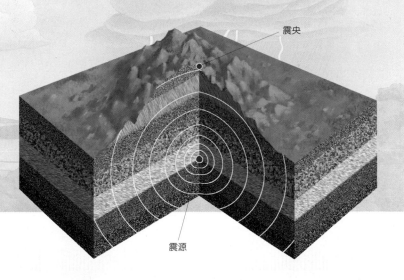

震央

震源

天氣預測

運用最近的電腦科技，即時接收氣象衛星、雷達、地面與高空等各式觀測站所記錄的資料，再加以整合與分析後向外公布者，稱為天氣預測；預測者可以在獲取所需的各種資料後，就劇烈天氣現象提早發出警報，有助於人們避開天災。

氣象觀測站

用來獲取氣象資料的地方。世界氣象組織依照其目的與性質差異，將氣象觀測站分成五大類，分別是綜觀天氣站（含地面觀測站與高空觀測站）、氣候站、航空氣象站、農業氣象站及特種氣象站（例如地震、空污、水文等）。

觀測坪
百葉箱（量測溫度與濕度）
溫濕度儀
虹吸式雨量儀
酸雨採樣器
A型蒸發皿
降雨強度儀
雨量器

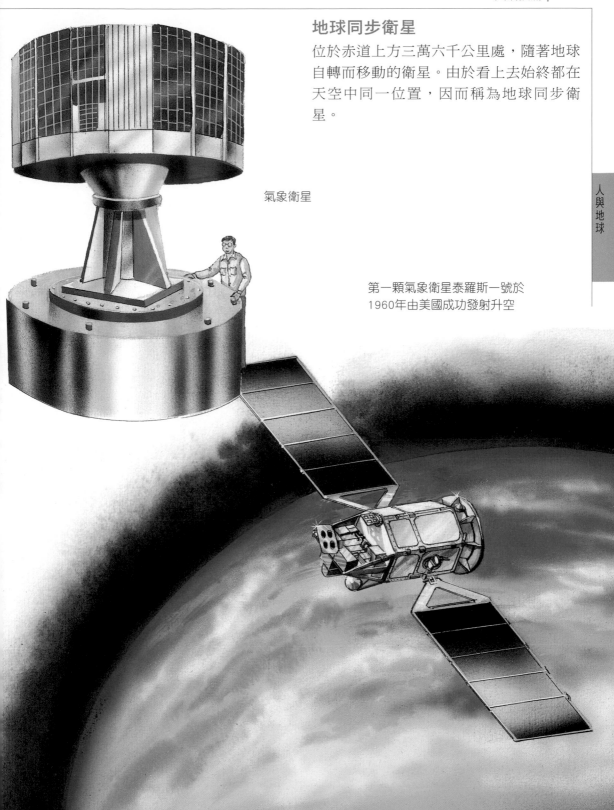

地球同步衛星

位於赤道上方三萬六千公里處,隨著地球自轉而移動的衛星。由於看上去始終都在天空中同一位置,因而稱為地球同步衛星。

氣象衛星

人與地球

第一顆氣象衛星泰羅斯一號於1960年由美國成功發射升空

繞極軌道衛星

位於離地表1,000公里以內，繞著地球南北極方向運轉的衛星。這類衛星繞地球一圈約需花費一百分鐘，即亦每天繞地球十四圈左右。

無人飛機

以碳纖材質製成的無人飛機主要用來進入劇烈天氣系統中進行觀測，於1992年由美國史丹佛大學成功研發。

★ 參見
氣候P64、氣團P70、風P72、水氣P86、
颱風P204、地震P206

中華衛星一號升空模擬畫面。這是台灣發射的第一顆人造衛星

地球上方的監測衛星示意圖

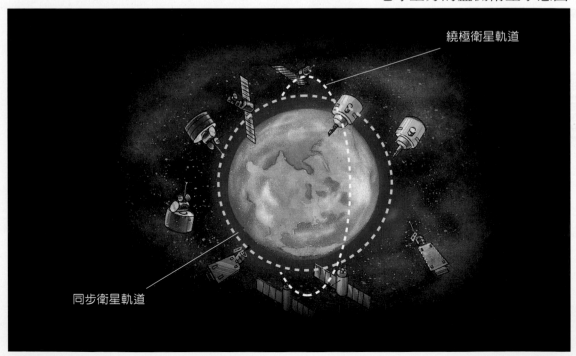

繞極衛星軌道

同步衛星軌道

天氣預報的流程

氣象局每天會接收來自各氣象觀測站所提供的資料,整合後繪製成天氣圖、同時也會以電腦進行運算,藉以推測未來天氣的演變,接著再召開天氣預報討論會,做成結論後向外公布,成為一般媒體上可見的天氣預報。

衛星雲圖

分為「可見光衛星雲圖」及「紅外線衛星雲圖」兩種。前者用以判斷雲層的厚度,後者則可藉以判斷雲頂高度。

可見光衛星雲圖是利用雲頂反射太陽光所形成的影像,所以白天才有可見光衛星雲圖。由於較厚的雲層反射律較高,因此雲圖中會出現比較亮的影像;相對地,較暗的區域代表著雲層較薄。

紅外線衛星雲圖是接受雲頂所釋放出的紅外線,藉以探測雲的分布與雲頂高度。通常雲頂溫度越低、高度月高,在紅外線衛星雲途中看起來會比較亮;反之越暗。

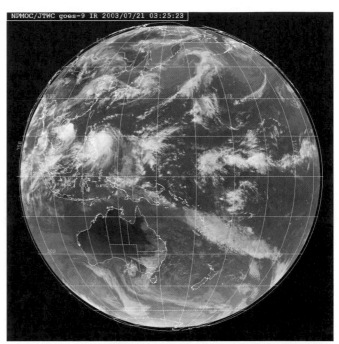

黑白紅外線衛星雲圖

紅外線衛星雲圖又分為「黑白衛星雲圖」、「彩色衛星雲圖」及「色調強化衛星雲圖」等三種。

彩色衛星雲圖是利用黑白衛星雲圖加工而成,可顯示清楚的地形,但雲的顏色較淺,不利分析。

色調強化衛星雲圖也是利用黑白雲圖作為母圖,可突顯對流現象,清楚觀察對流雲的變化,並評估雲帶的雨量與其他氣象資料。

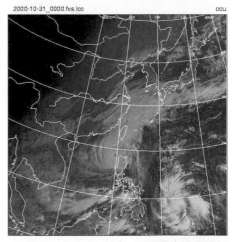

可見光衛星雲圖

人與地球

污染

人類活動所產生的廢棄物，是地球最大的污染源，例如燃燒化石燃料時所造成的空氣污染、全球暖化與酸雨、工業廢水和農業化學藥品所造成的水污染等。

污染物

指空氣、水或土壤中的固體顆粒或化學污染氣體。

酸雨

燃燒化石燃料與車輛所排放的廢氣，均含有氮氧化物和二氧化硫，此二者經化學反應後會形成硫酸與硝酸，在與空氣中的水氣結合後，即形成pH值小於5.0的降水，亦即酸雨。

土壤污染

土壤因為人類的利用而改變，導致品質及利用價值下降的狀況。常見於大量施肥，或受酸雨、工業廢水、固體廢棄物所影響的土地。

化石燃料

指石油、天然氣和煤等天然礦產，前兩者經常一起出現。這些燃料通常是數千萬年前的植物與動物的遺骸經過高溫高壓後所變成的，因此稱為化石燃料。

人為污染的來源

農耕及畜牧所施用的化學藥品流入水中，造成土壤污染、水污染

工廠排放廢氣造成空氣污染、地球暖化

開採礦產時，揚起的粉塵造成空氣污染

人與地球

臭氧層破洞

人類因使用噴劑等所造成的氟氯碳化物等向空中飄散，最終上升至平流層，降低了臭氧濃度，形同在臭氧層中出現了可讓紫外線進入地球的缺口。

溫室效應氣體

指大氣中會吸收地球長波輻射的氣體，主要是水氣、二氧化碳、臭氧、甲烷、氮氧化物及氟氯碳化物等。

若溫室效應氣體含量增加，則大氣的溫室效應也會加強，最終造成地球溫度上升。

溫室效應

地表吸收太陽輻射後，會不斷向外放射長波輻射，大氣中的溫室效應氣體會吸收此一輻射，增加大氣溫度，此一現象便稱為溫室效應。

氟氯碳化物

出現於20世紀的人造化學物，是製造冷媒、噴霧劑的材料；氟氯碳化物在平流層中會吸收紫外線，透過光解作用生成氯，氯又與臭氧作用，使其還回成氧，導致臭氧濃度降低，所造成的溫室效應是等量二氧化碳的數千倍以上。因其性質穩定，生命期可達一百年，是目前已知、破壞臭氧層的主因之一。

全球暖化

自工業革命後，大氣中主要的溫室效應氣體濃度增加，導致地表溫度上升；海溫上升的結果，導致南北極冰帽融化、海平面上升，有科學家認為，如果全球氣溫持續上升，海平面可能在未來數十年間上升達1公尺。

土地沙漠化

因過度開墾，導致沙漠邊緣的半乾燥氣候區逐漸轉變成沙漠的過程。一旦土地沙漠化，當地的農地或草原將失去作用，即使偶發的降雨也會帶來嚴重的土壤沖蝕，造成河道淤積、洪水氾濫等後遺症。

人類大量使用氟氯碳化物（常見於氣溶膠噴霧劑、冰箱、發泡劑）所造成的臭氧層破洞

工廠排放的廢水破壞環境，造成水污染

船隻漏油、燃燒化石燃料所造成的水污染、空氣污染

參見

大氣層P24、氣團P70

天然災害

非人為因素所引發的生命財產損失稱為天然災害，台灣最常見的天災包括有夏季的颱風及其所帶來的豪雨、土石流、冬季的寒潮以及地震的災害等，此外國外地區則有地震、海嘯、火山爆發等。

地震

分為自然地震與人工地震（例如核爆）。一般所指為自然地震，依其發生原因可再分為：構造性地震、火山地震與衝擊性地震（如隕石撞擊）。

台灣以板塊運動所造成的地殼變動（構造性地震）最為常見，此類地震發生原因是地球內部有股推動岩層的應力，當應力大於岩層所能承受的強度時，後者會發生錯動、釋放巨大的能量，產生地震波，一旦地震波到達地表，便形成地震。

九二一大地震，大甲溪河床劇烈舉升形成的瀑布。

颱風

指在廣大海面上，近中心平均最大風速每秒超過17.2公尺的熱帶性低氣壓。各地對颱風的稱呼略有不同，但是生成的原因與性質卻是一樣的。受到地球自轉的影響，颱風環流在北半球呈反時針方向旋轉，在南半球則呈順時針方向旋轉。

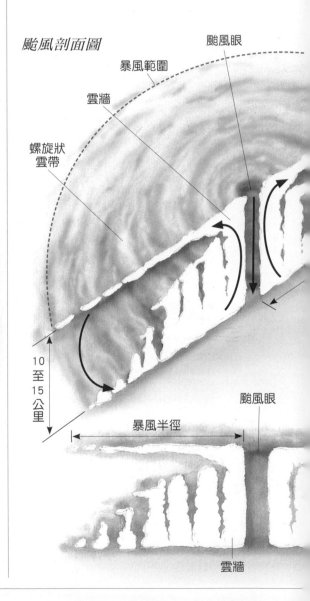

颱風剖面圖

颱風眼

暴風範圍

雲牆

螺旋狀雲帶

10 至 15 公里

暴風半徑

颱風眼

雲牆

寒潮的預報

氣象局以台北市為低溫預報的唯一指標地,當台北市全天最高溫在13℃以下,或二十四小時內將降低5℃且當天氣溫將低於13℃時,便發布「強烈大陸冷氣團南下」預報;若台北市氣溫將降至10℃以下,則發布「低溫特報」。

人與地球

大雨

當二十四小時的累積降雨量達50毫米以上,且其中至少有一小時雨量達15毫米以上時,稱為大雨;此外,在二十四小時累積雨量達130毫米以上者,稱為豪雨、超過200毫米以上者稱為大豪雨、超過350毫米者稱之為超大豪雨。

洪水

指水量超過河道所能承受時,河水漫溢出河道的現象,通常在大雨之後最容易發生。

寒潮

高緯度的寒冷空氣在冬季時往南移動,使得氣溫急速下降的現象。

暴風半徑

乾旱

指長時間且持續性地不下雨或降水不足所導致的水資源短缺現象。以台灣為例,如果超過二十天都未有降水紀錄,即可稱為乾旱;若連續五十天以上稱為「小旱」,超過一百天以上稱為「大旱」。

火山爆發

火山噴發時,會直接造成的災害有火山熔岩流、火山碎屑流堆積、火山灰落堆積以及火山氣體。前三者往往造成當地重大災情,火山氣體因帶有二氧化硫、三氧化硫等氣體,可能對人體造成直接傷害,也會在大氣中與水氣結合形成酸雨,影響地表環境。

沙塵暴

強風將地表大量的沙塵刮起所形成的風暴現象。當氣候條件相當時,這些沙塵會被吹往高處,吹送到遠方,例如中國大陸每年約發生十五次沙塵暴,其中大約有三、四次,沙塵會隨著東北季風南移,傳送到台灣。

★參見

板塊P28、海洋P102、崩壞地形P166、颱風P204、地震P206

颱風

當西太平洋地區的熱帶性低氣壓近中心風速超過每秒17.2公尺、且暴風半徑超過300公里以上者,稱為颱風。此一天氣現象在各地有不同名稱,印度洋地區稱為氣旋,美洲大西洋岸稱為颶風,澳洲稱為威利－威利,菲律賓稱為碧瑤。

氣旋

指中心氣壓較四周為低的渦旋系統。在科氏力作用下,北半球氣旋呈反時針方向旋轉,南半球為順時針方向旋轉。氣旋因氣流向中心匯集後會引發上升運動,因而容易成雲降雨。

颱風的形成

在熱帶海洋上出現的雲簇,一旦條件適合便有可能發展為颱風,所謂條件適合指:一、位於廣闊的海洋且海水表面溫度超過26.5℃。二、在南北緯5度以上。三、大氣環境不能太穩定。四、上下層大氣的垂直風切不能太大。

颱風形成四部曲

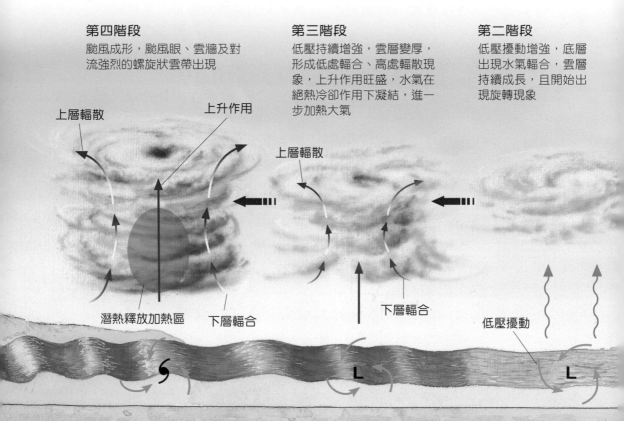

第四階段
颱風成形,颱風眼、雲牆及對流強烈的螺旋狀雲帶出現

第三階段
低壓持續增強,雲層變厚,形成低處輻合、高處輻散現象,上升作用旺盛,水氣在絕熱冷卻作用下凝結,進一步加熱大氣

第二階段
低壓擾動增強,底層出現水氣輻合,雲層持續成長,且開始出現旋轉現象

上層輻散　上升作用

上層輻散

潛熱釋放加熱區　下層輻合

下層輻合

低壓擾動

颱風眼

位於颱風的中心,特徵是下沈氣流微弱、晴朗乾燥、無風無雨。通常颱風強度越強,颱風眼越清楚,氣壓也越低;其直徑約為數十公里,但並非每個颱風都有颱風眼。

在颱風侵襲陸地期間,如果天氣突然變得晴朗無風雨,很可能就是颱風眼經過,一旦颱風中心通過後,緊接著就是另一場狂風大雨。

螺旋狀雲帶

為颱風外圍,雲層較薄、風速與雨量也較小,有卷雲、積雲,和規模較小的對流胞。

> ★★★ 參見
> 氣候P64、降水P94、天然災害P202

第一階段
海水表面有低壓擾動,同時水蒸發成水氣

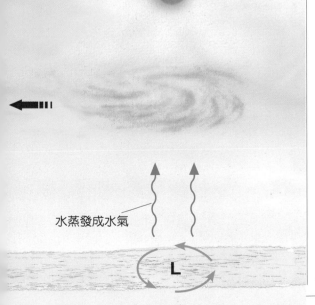

水蒸發成水氣

L

雲牆

指颱風眼外圍、風速及降雨量最大的區域,多積雨雲,其中又以颱風移動方向的右前象限威力最驚人。

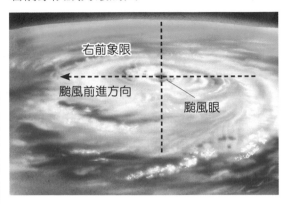

右前象限

颱風前進方向

颱風眼

暴風半徑

從颱風中心向外到平均風速每秒15公尺處的距離,即為暴風半徑。在此區域內則稱為暴風範圍。

颱風的強度

氣象局以颱風中心平均最大風速為準,將颱風分為輕度、中度及強烈颱風三種。中心最大風速在每秒17.2～32.7公尺者,稱為輕度颱風,每秒32.7～51公尺者為中度颱風,強烈颱風則指中心最大風速每秒超過51公尺者。

颱風的命名

早期西北太平洋的颱風都以女性英文名為主,共有四組、八十四個名字輪流使用。在20世紀末,西北太平洋及南海海域國家共十四個颱風委員會成員各提供十個名字,分成五組輪流作為颱風名稱,並自西元2000年開始正式啟用。

人與地球

地震

據統計，全世界90%的地震是由構造運動引起，許多大規模地震的案例顯示：地震往往伴隨著岩層斷裂、隆起、陷落等現象，由此可推測地震應與地殼內部岩層受力、產生變位有關。此外，山崩、岩體陷落、核子試爆或隕石墜落等，都可能造成局部小規模的地震。

地震波

地震所造成的擾動會向四面八方傳播，稱為地震波；若依照粒子振動的方式，可分為體波和表面波。

利用測得的體波與表面波，科學家能計算出地震的大小及發生的位置；還可以利用體波推估地球內部的結構。

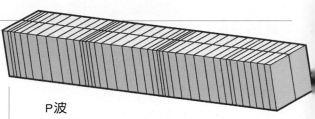

P波

為體波的一種。粒子沿著震波傳遞方向做前後振動，介質交替地出現壓縮及膨脹等現象。

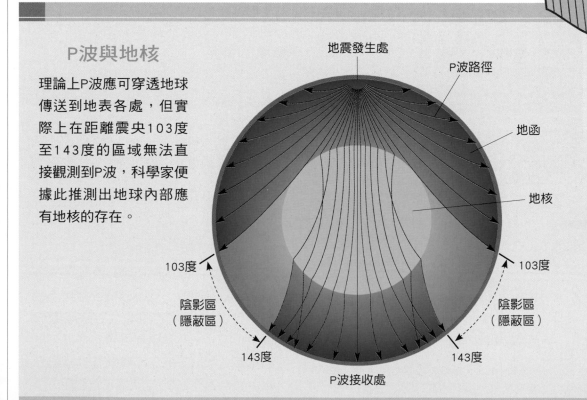

P波與地核

理論上P波應可穿透地球傳送到地表各處，但實際上在距離震央103度至143度的區域無法直接觀測到P波，科學家便據此推測出地球內部應有地核的存在。

地震發生處
P波路徑
地函
地核
103度
103度
陰影區（隱蔽區）
陰影區（隱蔽區）
143度
143度
P波接收處

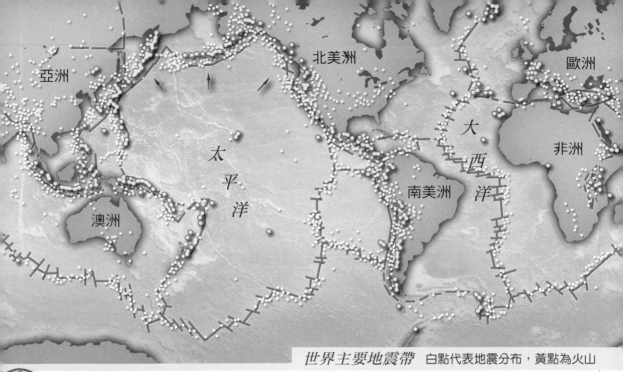

亞洲

北美洲

歐洲

太
平
洋

大
西
洋

非洲

南美洲

澳洲

世界主要地震帶 白點代表地震分布，黃點為火山

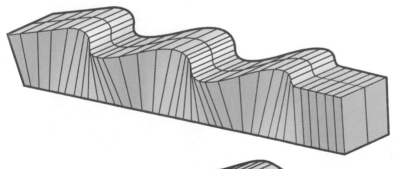

S波

為體波的一種。S波的行進方向與震波傳遞方向垂直，因而造成介質或上下，或左右，甚至兩者兼具的震盪（震盪方向依地震性質而異）。

樂夫波

這是一種表面波，與S波類似，但與S波不同處在於，樂夫波的側向振動振幅會隨著深度增加而減少。

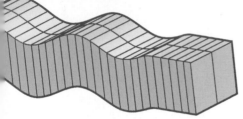

雷利波

屬表面波，粒子會繞著地震波傳遞方向的垂直面做橢圓運動，振幅同樣會隨著深度而減少。

震央

震源

震源與震央

地表下、岩層破裂並釋出能量處稱為「震源」，而震源正上方的地表投影點即是「震央」。依震源所在的深度，可將地震區分為淺源（離地面0至70公里）、中源（離地面70至300公里）及深源地震（離地面300公里以上）。淺源地震還可再進一步分為極淺（離地面30公里）及淺源地震（離地面30至70公里），前者一旦發生在人煙稠密處往往造成重大傷亡。

地震強度與地震規模

地震強度簡稱為「震度」，是指地震發生時地表的搖晃程度。各國所採用的震度單位不同，較常見者為「修正麥卡利震度階」，共分為十二級，我國的中央氣象局則將震度分為零至七級。

地震規模則專指地震當時所釋放的能量大小，以沒有單位的實數來表示，通稱為「芮氏規模」。一個地震只有一個芮氏規模值，通常芮氏規模大於／等於七時即可稱為大地震。

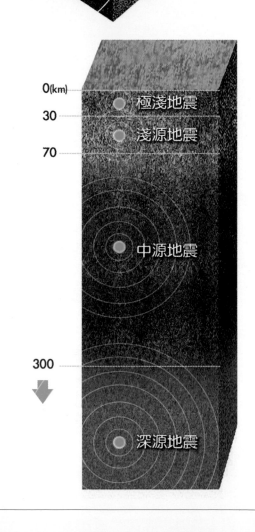

0(km)　　　極淺地震
30
　　　　　淺源地震
70

中源地震

300

深源地震

台灣主要地震分布圖

台灣島的地震絕大多數出現在宜蘭與花蓮外海的板塊接觸帶上，依據中央氣象局1991年至2006年的觀測資料顯示，台灣地區平均每年約發生一萬八千五百次地震，其中有感地震約一千次。

人與地球

東北部地震帶
自蘭陽溪上游向東北方延伸至琉球群島，此區地震次數頻繁，震源最深時可達300公里。

西部地震帶
自台北往南經台中、嘉義而至台南，寬度約80公里，大致與島軸平行。此一地帶地震次數少，但影響範圍較大，災情較重。

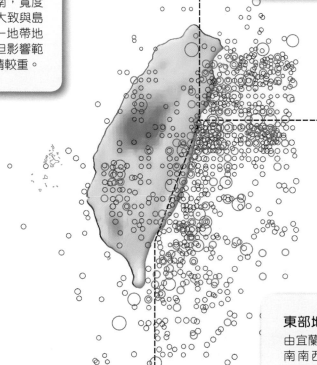

東部地震帶
由宜蘭東北方海底向南南西延伸，經花蓮、台東，一直至呂宋島。此地震帶成近似弧形朝向太平洋，和台灣本島平行，寬約130公里。通常震源較西部為深，地震次數亦多。

地震規模
- 芮氏規模5～6
- 芮氏規模6～7
- 芮氏規模7～8

台灣十大重要災害地震分布圖

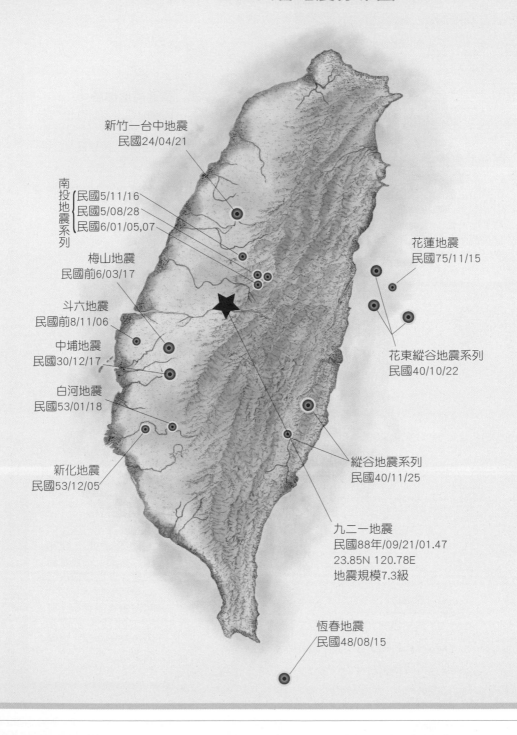

新竹一台中地震
民國24/04/21

南投地震系列
民國5/11/16
民國5/08/28
民國6/01/05,07

梅山地震
民國前6/03/17

花蓮地震
民國75/11/15

斗六地震
民國前8/11/06

中埔地震
民國30/12/17

花東縱谷地震系列
民國40/10/22

白河地震
民國53/01/18

縱谷地震系列
民國40/11/25

新化地震
民國53/12/05

九二一地震
民國88年/09/21/01.47
23.85N 120.78E
地震規模7.3級

恆春地震
民國48/08/15

地震震度分級表地震震度分級表

震度分級		地動加速度 (cmS² ,gal)	人的感受	屋內情形	屋外情形
0	無感	0.8 以下	無感覺		
1	微震	0.8～2.5	靜止時可感覺微小搖晃。		
2	輕震	2.5～8.0	大多數可感到搖晃，部分會從睡眠中醒來。	電燈等懸掛物有小搖晃。	靜止的汽車輕輕搖晃，類似卡車經過，但歷時很短。
3	弱震	8～25	幾乎所有人都感覺搖晃，有的人會有恐懼感。	房屋震動，碗盤門窗發出聲音，懸掛物搖擺。	靜止的汽車明顯搖動，電線略有搖晃。
4	中震	25～80	有相當程度的恐懼感，部分會尋求躲避的地方，幾乎都會從睡眠中驚醒。	房屋搖動甚烈，底座不穩物品傾倒，較重傢俱移動，可能有輕微災害。	汽車駕駛人略微有感，電線明顯搖晃，步行中的人也感到搖晃。
5	強震	80～250	大多數人會感到驚嚇恐慌。	部分牆壁產生裂痕，重傢俱可能翻倒。	汽車駕駛人明顯感覺地震，有些牌坊煙囪傾倒。
6	烈震	250～400	搖晃劇烈以致站立困難。	部分建築物受損，重傢俱翻倒，門窗扭曲變形。	汽車駕駛人開車困難，出現噴沙噴泥現象。
7	劇震	400 以上	搖晃劇烈以致無法依意志行動。	部分建築物受損嚴重或倒塌，幾乎所有傢俱都大幅移位或摔落地面。	山崩地裂，鐵軌彎曲，地下管線破壞。

資料來源：中央氣象局

人與地球

索引

ㄅ

ㄆ

≫參考書目

莊玉珍、王惠芳《台灣的濕地》，遠足文化。

李素芳《台灣的海岸》，遠足文化。

楊建夫《台灣的山脈》，遠足文化。

何立德、王鑫《台灣的珊瑚礁》，遠足文化。

林孟龍、王鑫《台灣的河流》，遠足文化。

陳尊賢、許正一《台灣的土壤》，遠足文化。

戴昌鳳《台灣的海洋》，遠足文化。

涂建翊、余嘉裕、周佳《台灣的氣候》，遠足文化。

王鑫《台灣的特殊地景——北台灣》，遠足文化。

王鑫《台灣的特殊地景——南台灣》，遠足文化。

蔡衡、楊建夫《台灣的斷層與地震》，遠足文化。

林俊全《台灣的天然災害》，遠足文化。

李培芬《台灣的生態系》，遠足文化。

鍾廣吉《台灣的石灰岩》，遠足文化。

徐美玲《台灣的地形》，遠足文化。

魏稽生、嚴治民《台灣的礦業》，遠足文化。

鍾廣吉《台灣的化石》，遠足文化。

宋聖榮《台灣的火山》，遠足文化。

林俊全《台灣的十大地理議題》，遠足文化。

余炳盛、方建能《台灣的寶石》，遠足文化。

吳文雄、楊燦堯、劉聰桂《台灣的岩石》，遠足文化。

陳文福《台灣的地下水》，遠足文化。

倪進誠《台灣的離島》，遠足文化。

李光中、李培芬《台灣的自然保護區》，遠足文化。

楊秋霖《台灣的國家森林遊樂區》，遠足文化。

羅融《台灣的921重建校園》，遠足文化。

陳永森、林孟龍《台灣的國家風景區》，遠足文化。

余炳盛、方建能《台灣的金礦》，遠足文化。

宋聖榮《台灣的溫泉》，遠足文化。

黃兆慧《台灣的水庫》，遠足文化。

王鑫、何立德《台灣的湖泊》，遠足文化。

魏宏晉《台灣的國家公園》，遠足文化。
王鑫、何立德《台灣的瀑布》，遠足文化。
徐美玲《圖解地理辭典》，遠足文化。
史密森尼博物館《地球大百科》，木馬文化。
約翰‧法恩登《地球學習百科》，貓頭鷹。
國立編譯館《高級中學地理教科書第一冊》。
姜善鑫等《普通高級中學地理（一）》，三民書局。
高中地理科用書編輯委員會《高中地理（一）地理學通論》，正中書局。
施添福等《地理（一）》，龍騰文化。
楊博勛《複習講義地球科學（全）》，翰林出版。

≫參考網站

ashan.gl.ntu.edu.tw/chinese/index-GeoClass.html
203.68.20.65/science/content/1977/00070091/0003.htm

≫圖片來源

手繪圖：除有特別標示者，其餘均為高華所繪
吳淑惠 15, 19, 24, 25, 27上, 29上, 31, 32, 33, 34左, 35右上, 38中, 57, 62, 63, 64, 65, 72, 86, 94, 95, 102左下, 102右下, 111上, 112, 113, 114, 115, 122, 148, 172, 173, 182, 197, 198, 200, 202, 204, 205 │ 王顧明 40, 83, 110, 125, 153 │ 楊碧月 145下 │ 王正洪 145上 │ 陳怡如 209

電腦繪圖：
陳豐明 14, 30, 207上、208 │ 梅昌興 16左, 18下 │ 陳育仙 18上, 107 │ 高華 17上, 21右, 22, 29, 52, 60, 71 │ 林姚吟 20, 21左, 50, 99 │ 張良銘 99 │ 國家海洋中心 106

照片：除有特別標示者，其餘均為廖偉國所提供
王鑫 47左中 │ 王永泰 43 │ 鍾廣吉 56, 183下 │ 陳育賢 89, 98左中 │ 陳尊賢 45右, 61, 140 │ 吳志學 115, 144下, 150右, 193左 │ 廖俊彥 24, 25, 157上 │ 賴佩茹 166, 189, 192左 │ 黃丁盛 146右 │ 中央氣象局 159 │ NASA Earth Observatory 108, 109, 126, 127 │ 遠足資料中心 44, 47下, 92左上, 92左下, 92右中, 92右下, 93左中, 93左下, 93右下, 93右下, │ 141, 142, 151上, 158, 192右, 196

THE ILLUSTRATED ENCYCLOPEDIA OF GEOGRAPHY　新裝珍藏版

一看就懂地理百科

地理奧祕完全圖解

審　　訂	廖偉國	
推　　薦	陳國川、蕭坤松	
編　　著	遠足地理百科編輯組	
插　　畫	高華、吳淑惠、金炫辰、王顧明、楊碧月、王正洪、陳怡如、陳豐明、梅昌興、陳育仙、林姚吟、國家海洋科學研究中心	
攝　　影	廖偉國、王鑫、鍾廣吉、陳育賢、吳志學、賴佩茹、黃丁盛、中央氣象局、林文智、楊建夫、呂遊	
編輯顧問	呂學正、傅新書	
執行編輯	張怡雯、遠足地理百科編輯組	
特約文編	余素維	
特約美編	陳育仙、林姚吟、汪熙陵	
資深主編	賴虹伶	
執 行 長	陳蕙慧	

- 出　　版：遠足文化事業股份有限公司
- 發　　行：遠足文化事業股份有限公司（讀書共和國出版集團）
- 地　　址：231新北市新店區民權路108之2號9樓
- 郵撥帳號：19504465 遠足文化事業股份有限公司
- 電　　話：(02) 2218-1417
- 信　　箱：service@bookrep.com.tw

- 法律顧問 / 華洋法律事務所 蘇文生律師
- 印　　製 / 呈靖有限公司
- 出版日期 / 2018年4月（三版一刷）
  2024年3月（三版十三刷）
- 定價 / 399元
- ISBN 978-957-8630-28-4
- 書號 1NDN0020

國家圖書館出版品預行編目(CIP)資料

一看就懂地理百科 / 遠足地理百科編輯組作. -- 三版. -- 新北市：遠足文化，2018.04
　　面；　　公分. -- (遠足工具書；17)
新裝珍藏版
ISBN 978-957-8630-28-4(平裝)

1.地球科學 2.地理學 3.百科全書

350.42　　　　　　　　107005378

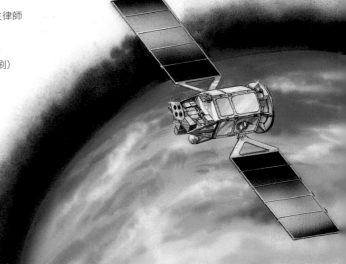